LA CONQUÊTE DU CHEVAL

Ludovic Orlando

ウマの科学と世界の歴史

リュドヴィク・オルランド

吉田春美 訳

河出書房新社

ウマの科学と世界の歴史――目　次

本書が仕上がるまで何度も読み直し、
ウマが私たちの生活に大きな位置を占めるようになったことを
冷静に受け止めてくれたアンデーヌに。
ペガサス・プロジェクトの夢に向かって
一緒に歩んでくれたパブロ・リブラドに。

ウマの科学と世界の歴史

「ああ、交尾の歌、ウマのことだ
俺は耽美主義、ウマのことだ、
ああ、こいつはいい、ウマのことだ、
実に素晴らしい、おウマさんのことだ」

ボビー・ラポワント「馬のソーセージ」

モンゴル高原のホミインタル、2014 年 5 月。隣接するシール保護区では 2000 年代半ばから、タヒ協会によってプルジェワリスキーウマ（モウコノウマ）が再導入されている。保護区のレンジャーのひとりが、私たちのために飼育されているウマを捕まえてくれた。その目的は、ウマの DNA を調べ、チンギス・ハンの時代にこの地方に生きていたウマと比較することである。

ボタイの考古遺跡。約 5500 年前、カザフスタンのステップにウマを飼育する定住民がいたことを示している。

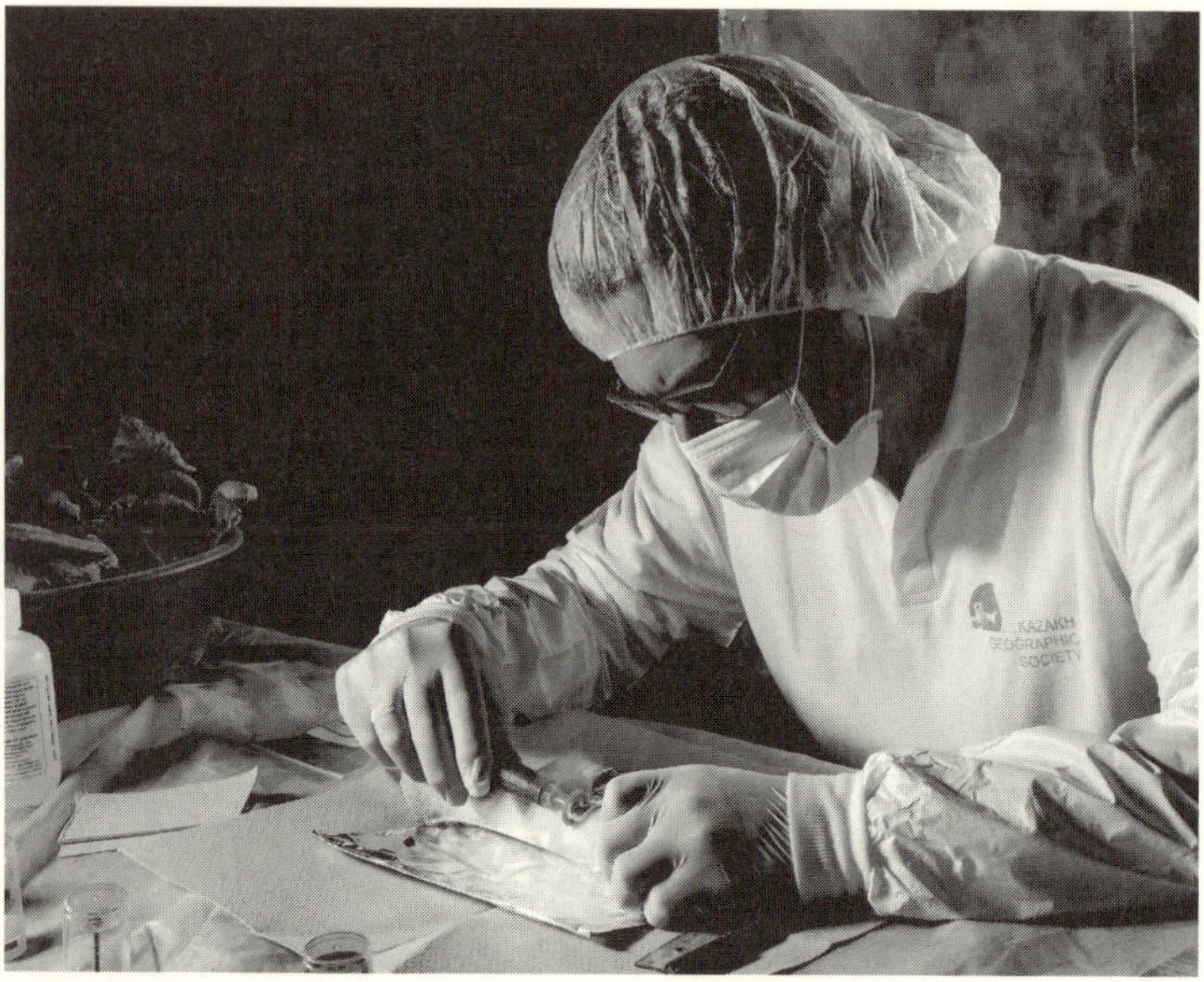

遺伝子解析のため、ボタイの考古遺跡で見つかったウマの骨からサンプルを採取する著者。（©：aAron Munson,Handful of Films）

サマーラ州立大学考古学研究所の収蔵品の一部。著者はナターリャ・ロスカリエヴァとパーヴェル・クズネツォフの案内で、ウマ家畜化の歴史の変わり目となった前４千年紀から前２千年紀にさかのぼるロシア西部の考古遺物のサンプルを100種ほど採取した。

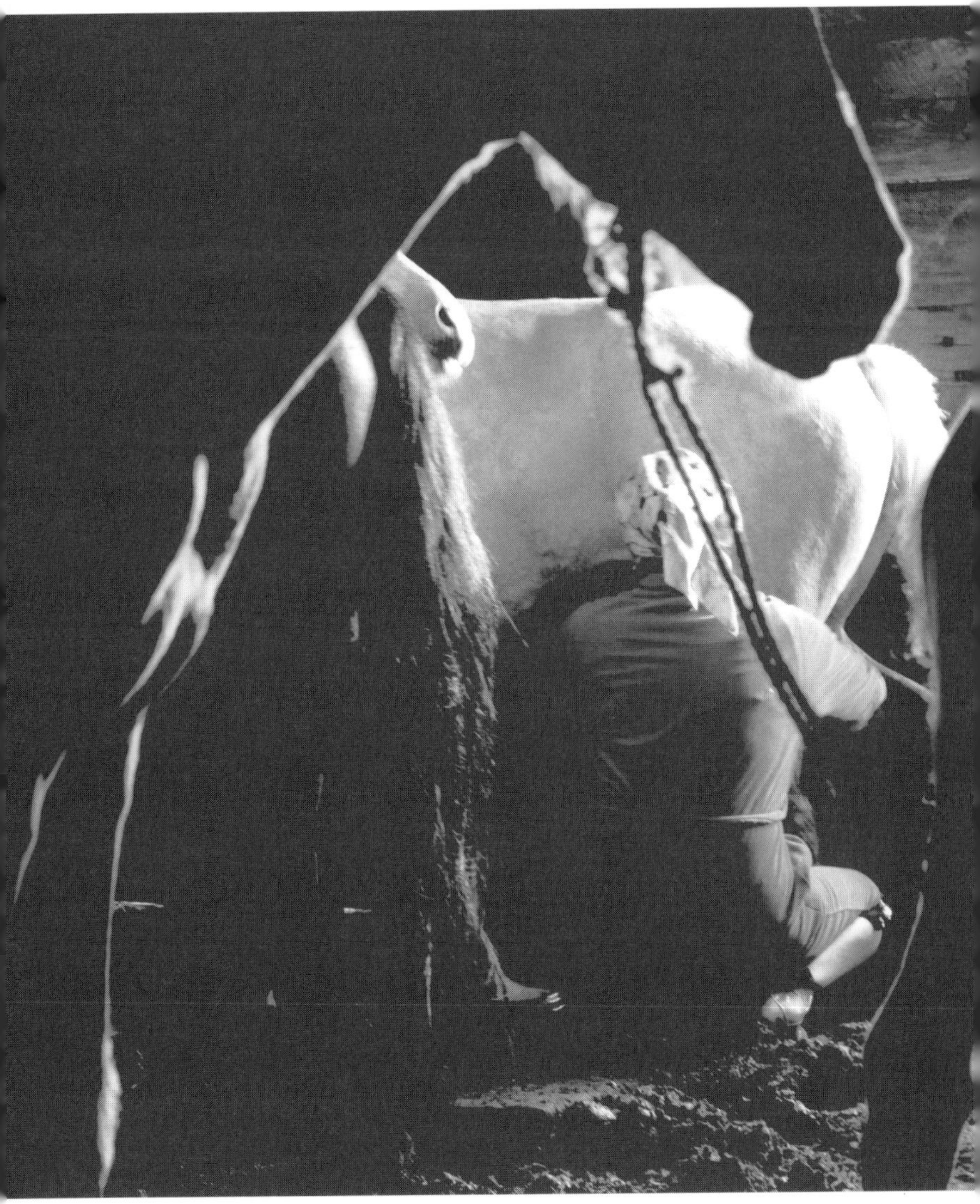

パヴロダール地方、2016 年 8 月。カザフの女性がウマの乳搾りをしている。5000 年以上前にそこから 50km ほどのところに位置するボタイに暮らしていた人々と変わらぬ営み。

2019年7月初め。内モンゴルの遊牧民がウマを捕らえる様子を見せてくれた。遠くに、新しい時代のしるしである風力発電の風車が見える。ここでは現代が数千年の伝統をのみ込もうとしている。

キスロボーツク近郊にある、考古資料の保管倉庫に転用された旧ソ連時代のコルホーズ。
ここに、現生の家畜ウマに直接つながる祖先のひとつの遺物が収蔵されている。

（左頁）タヒ協会が西モンゴルのシール保護区の自然生育地に再導入したプルジェワリスキーウマ（モウコノウマ）。私が2014年5月に初めて訪れたとき、保護区とその息をのむような風景のなかに50頭ほどのウマがいた。現在は100頭以上に増えている。

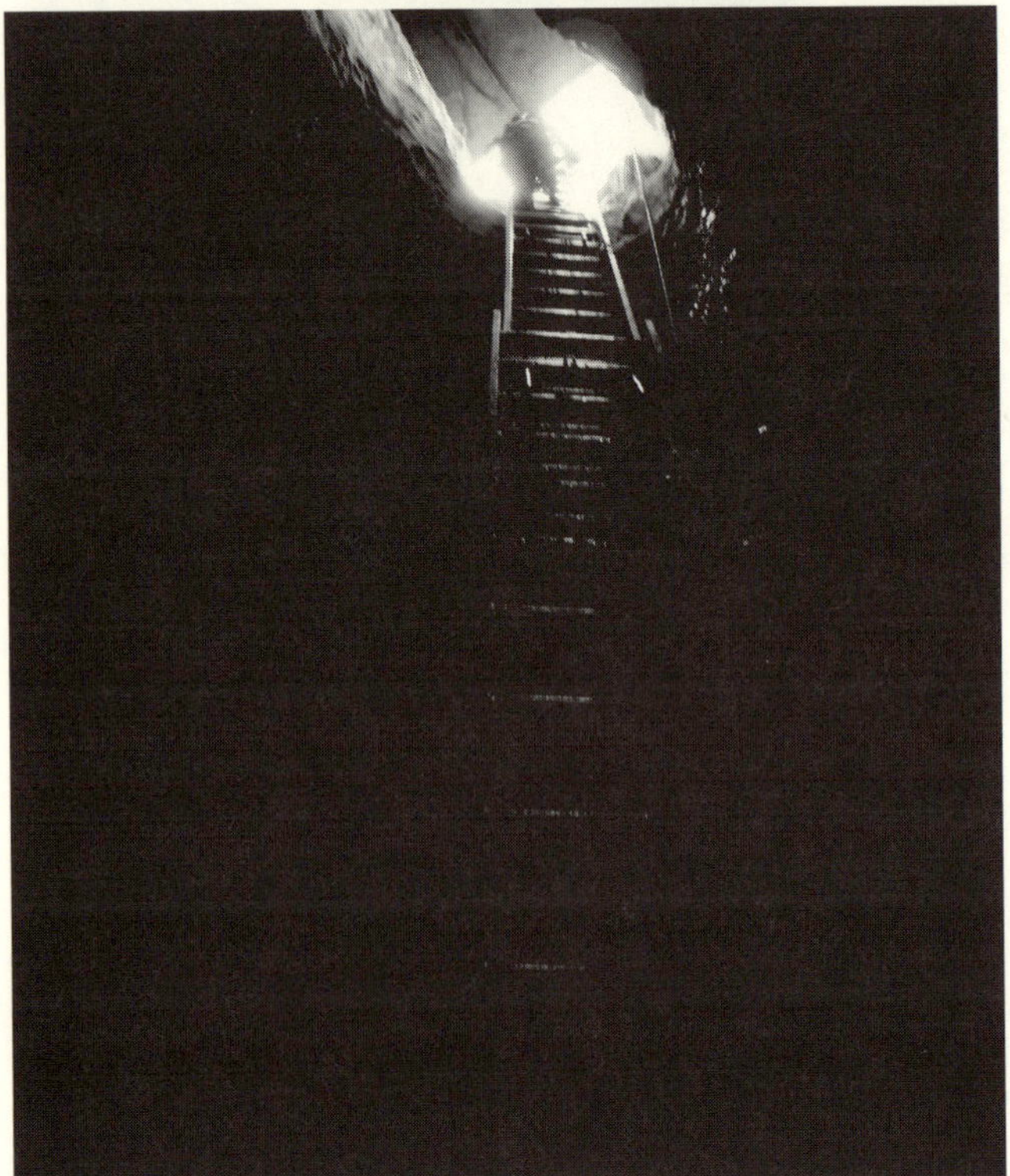

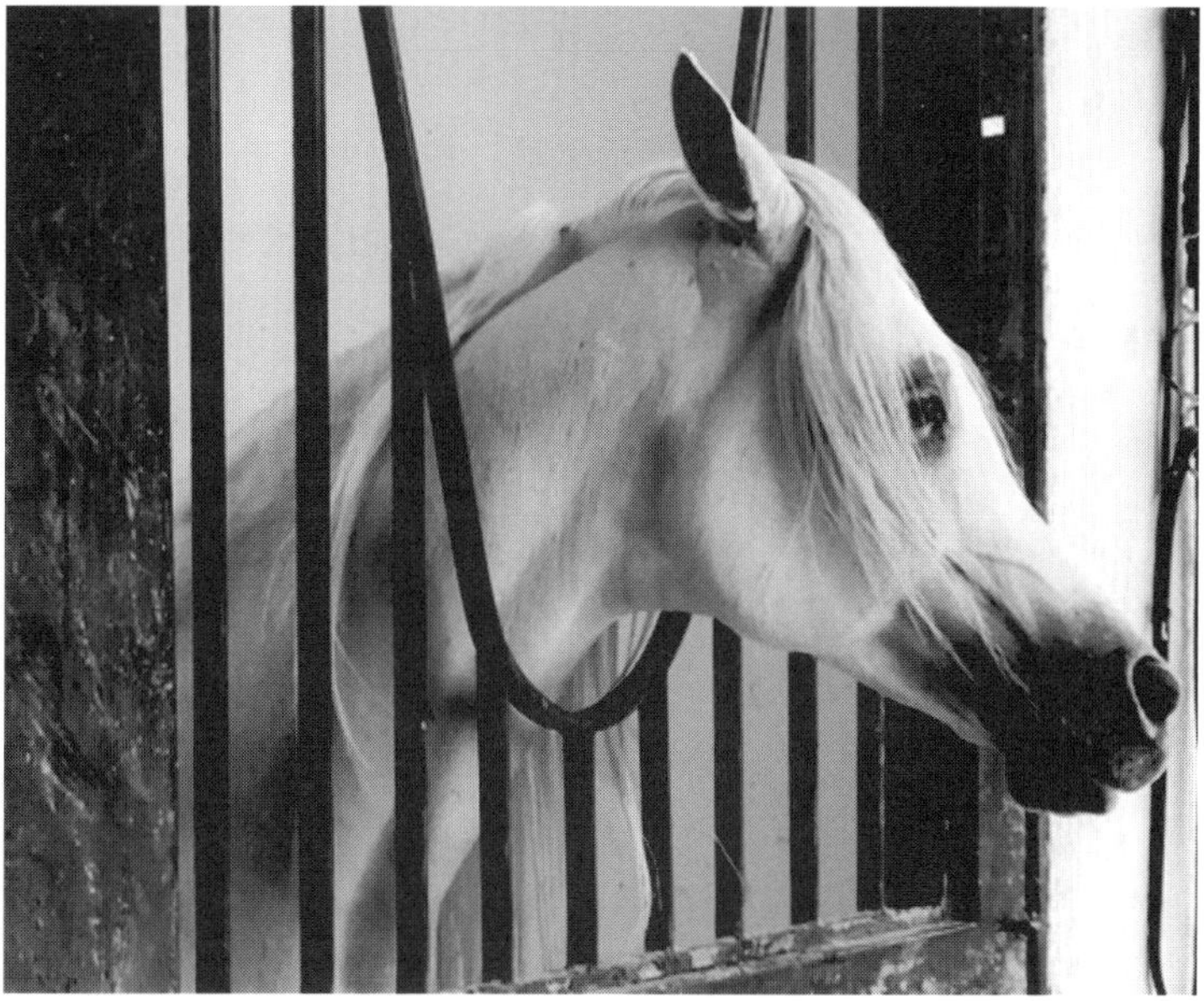

アラブウマとその特徴的な鼻梁。リヤド郊外の厩舎で私たちが血液を採取するのをじっと待っている。2019 年 2 月。

（右頁上）欧州ペガサス・プロジェクトで調べたウマ科動物 4000 頭のうちの 1 頭の遺物。スタヴロポリ博物館に大切に保管されているこの前 3 世紀の歯からほんの数十ミリグラム試料を採取し、まず、保存されている DNA の質を確かめ、採取したサンプルがたしかにウマのものか、それが雄か雌かを確認する。次にゲノムの塩基配列を決定し、その時代にどのようにウマを飼育し繁殖させていたかを明らかにする。

（右頁下）ペシュメルル洞窟に近いイギュ・デュ・グラールの天然の竪坑を降りる。ケルシーの岩にできたこの自然の落とし穴は、先史時代に生きていた多くの動物の命を奪った。1 万 8000 年前～1 万 6000 年前のその遺物から、まだ DNA を抽出できる。

イヴェット・ランニングホース・コリンと聖なる道保護区のウマたち。イヴェットとの共同研究は、ふたりが共有するウマへの情熱をはるかに超えるものとなった。歴史によってしばしば対立しながらも、分かち合うものがたくさんあるふたつの世界。彼女は両者を再び結びつけるのに尽力した（©：Jacquelyn Cordova）。

アラス湖（ヤクーツク）で発見された18世紀前半のヤクートの墓。ウマとその馬具は北東シベリアの極寒の気候により完全に保存されていた（エリック・クリュベジ発掘、フランス東シベリア考古学調査隊、©：MAFSO 2002）。

19世紀末頃のこのような写真により、人間の目では捉えられない動物の動きを分解して見ることができるようになった。ドイツの写真家オットマール・アンシュッツは、この分野のパイオニアのひとりである。ここに写っているのは、サラブレッドとの交配により長い年月を経て美しい姿になったハノーヴァー種のウマを調教しているところである（プロイセンのリッサ［現在のポーランド領レシュノ］1884　個人蔵）。同じ時代にフランスではエティエンヌ＝ジュール・マレーが、連続撮影で一連の動きを分解することにより、彼が「動物機械」と呼ぶものの運動を説明しようとした。彼はそうして、ギャロップは三拍子の歩法でありウマの脚はつねに地面に接しているという、当時の認識を一変させた。

ブエノスアイレス郊外のポロ用馬の競りにて、急旋回のデモンストレーション。2018 年 12 月。

（右頁上）アルゼンチンのドニャ・ソフィア厩舎、2021 年 12 月。ガウチョのロロがポロのマレットを振りながら、クローンのウマに速歩を仕込んでいる。

カザフスタンのステップの芸術家たちは、岩の湾曲した部分に、数千年前に彼らの周囲で暮らしていたウマたちのシルエットを永遠に刻んだ。この図像には、当時共存していた２種類のウマが描かれている。おそらく、現在の家畜ウマすべての母である DOM2 の系統と、プルジェワリスキーウマの祖先であるボタイウマの系統と思われるが、真相は永遠にわからないだろう。

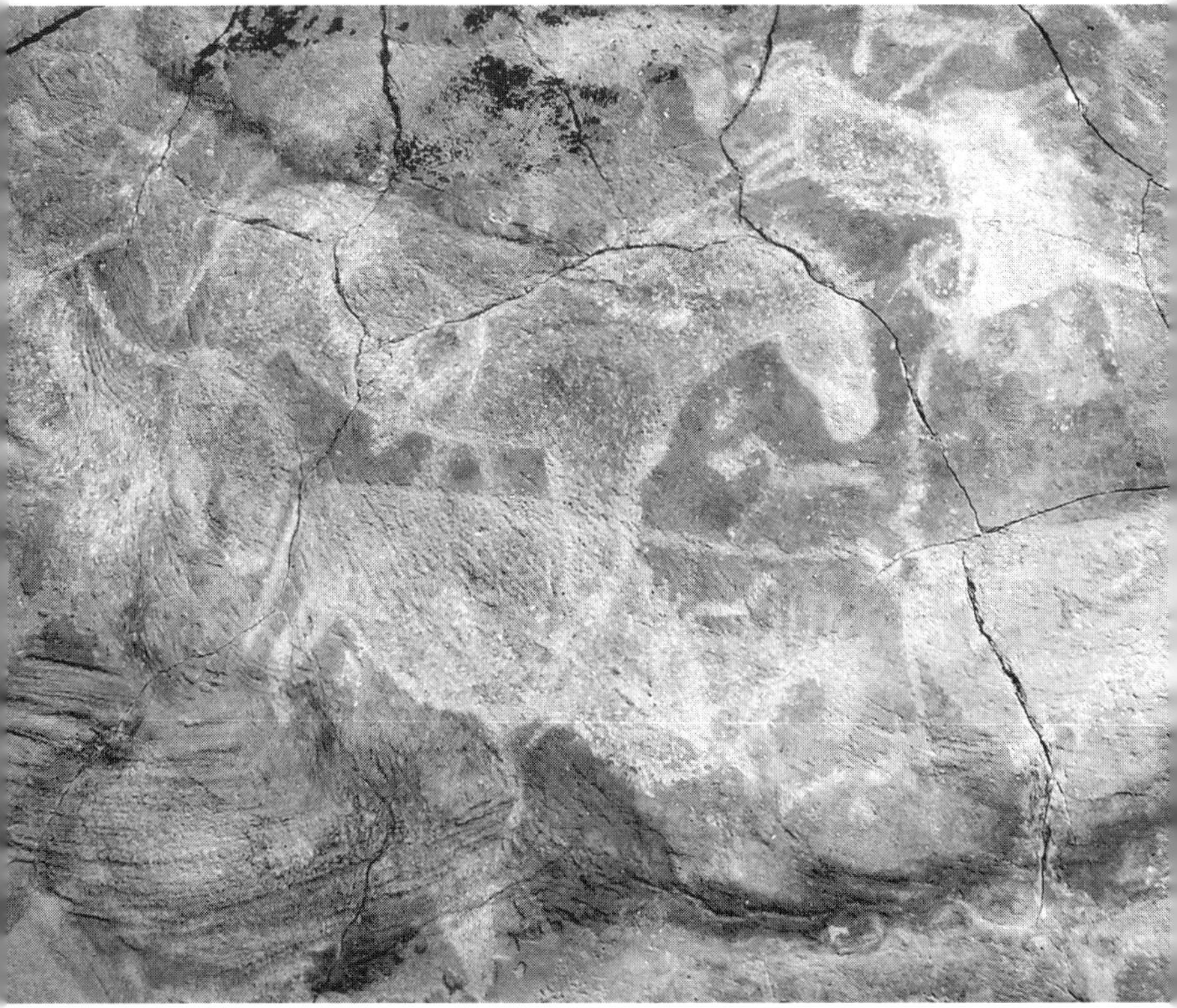

ランド地方の岩陰［岸壁の下にあって先史時代の住居に用いられた］で発見され、アルトゥス修道院博物館に保存されているデュリュティの馬。約1万7000年前に象牙に彫られたもので、耳を立て、何かに注意を向けたウマの姿を表わしており、息をしているようにすら見える。これは家畜ウマの祖先ではないが、こんにち消えてしまったウマの本質的な性格を理解し、彫刻で永遠に残した芸術家の観察眼に脱帽する。

第1章　プロローグ

昔のウマ

私たちホモ・サピエンスは進化史の大半を、それなしで過ごしてきた。しかし、私たちのかたわらにそれがいるようになると、世界の歴史は一変した。ひと言でいうと、世界そのものがかつてなく小さく見えるようになった。それが私たちにもたらしたものはなによりもまず、自分の足で歩くよりずっと速いスピードで移動するための手段だったのである。それによって私たちは世界を探検し、遠くにいる人に会いに出かけ、彼らと取引するようになった。そして、私たちの言葉や文化、病原菌さえも、かつてない速さで広まるようになった。要するに、遠く離れた場所や人をまたたく間に結びつけ、旧世界はまさしく、歴史上初めてグローバル化したのである。それがいるおかげで、私たちはときに行く先々で混ざり合い、またあるときは——実際にはしばしば——戦いを交えることもあった。それは新しいタイプの戦い、それの背にまたがったり、それが引く戦車に乗ったりしての戦いだった。というのも、本書がこれから語ろうとするのは、まさにウマのことだからだ。王や農民のウマもいれば、ステップの遊牧民やポロ選手のウマもいる。幼い子どもから年寄りまで人の役に立つウマもいれば、競馬ファンの理性と大金を失わせるウマもいる。その昔、騎馬戦士を乗せていたウマもいるが、第一次世界大戦では無数のウマが銃弾に倒れた。さらにはムスタングのように、誰もが認めるアメリカ西部の象徴になったウマもいる。

近年、DNAのシーケンシング（塩基配列決定）技術が飛躍的に進歩し、家畜ウマのルーツが四二〇〇年前の北カフカスのステップにあることが突き止められた。より正確には、ドン川とヴォルガ川の下流域である。イヌやウシ、ヒツジ、ヤギ、さらにブタより遅れること数千年。ウマは、人が家畜化に成功した最後の大型哺乳類のひとつになった。それは、人間がこれまでに征服した「最も高貴なもの」であると、ビュフォン伯爵その人が『博物誌』に書いている。彼の著書は比類ない成功を収め、王立植物園の園長で科学アカデミー会員だった著名な博物学者は一七五三年八月、四五歳の若さでアカデミー・フランセーズに迎えられた。彼はまさしく啓蒙の世紀の申し子だった。

文明史におけるウマ

ウマを征服するのは遅かったが、それが広まるのは早かった。ほんの数世紀のうちに、この新型のウマ、すなわち家畜化されたウマは、生まれ故郷から遠く離れた大西洋岸から太平洋岸まで、幕が開いたばかりの新時代に欠かせない道具になる。そのためドイツの歴史家ラインハルト・コゼレックは、文明史の大きな時代区分を武器や道具の材料に使われた金属で区切るのではなく――まず銅の時代、次に青銅の時代、最後に鉄の時代――、よりシンプルかつ、彼によればより適切な二分法に変えることを提言した。本書で取り上げる動物をすでに保有しているかどうかで分けるのである。ウマを保有したことによるダイナミックな変化はこれまであまり注目されてこなかったが、人間の歴史の構造を根底から変えた。すなわち、ウマ以前の時代――プレ・カバリン時代（ウマのラテン語の種名「エクウス・カバルス」より）――とウマの時代――カバリン時代――である。この動物がもたらした変化と社会に対する影響は、それほど大きかったということだ。現在はさしずめウマ以後の時代、ポスト・カバリン時代である。この時代以降、ウマの力に代わって内燃機関が使われるようになり、都市や農村の路上からウマそのものが姿を消していく。

しかしながら、ほんの少し前まで、ウマは私たちの日常世界になくてはならない要素であり、パリやロンドン、ニューヨークのような西洋の大都市を含めて、拡大の一途をたどる都市のある地点から別の地点へと、ウマの引く乗合馬車がご先祖たちを運んでいた。そればかりか、都市の商店や露店に物資を供給し、都市の秩序を維持するためにも、ウマは役に立ったし、上流階級の社会的地位を示すものにもなった。すべてがウマを中心に回っていると言ってよかった。その証拠として、ウマインフルエンザが流行したためにアメリカのような世界有数の大国の経済が止まってしまったエピソードを挙げれば十分だろう。とはいえ、一八七二年末から一八七三年初頭に死んだウマの数は、様々な推定によると全体の二％から一八％にすぎなかった。だが、四分の三近いウマがインフルエンザに罹り、熱と激しい咳で動くことができず、何週間も働けなかった。そしてウマの力に頼れなくなったために、かつてあれほど自信にあふれ繁栄した世界、自分たちに逆らうものなどひとつもないと思われていた世界は、今度は自らインフルエンザにやられることになった。医者はウマを使って往診できなくなり、インフルエンザは急速に広まって止めようがなかった。ドミノ効果により、列車も駅で動けなくなった。鉱山から石炭を運び出すウマがいなくなり、石炭が供給されなくなったのである。順調に動いていた経済機構は瀕死の状態になった。消防ポンプは動力がないので出動できず、一八七二年一一月にボストンで起きた史上最悪の火災のひとつでは、八〇〇棟近い建物がほんの数日で焼失した。

こんにちのウマ

あの過ぎ去った世界の名残として、いまも両開きの門、皇帝たちの勝ち誇った騎馬像、国立種馬飼育場がある。それらの種馬牧場を中心に、生産用雄ウマの維持、管理が行われている。人々の記憶に刻まれ、想像力をかき立ててきた伝説のウマの名も挙げることができる。古代ギリシアの有翼の馬ペガサスはポセイドンの子種から生まれ、雷光と雷鳴を運ぶとされたし、古代の伝承を信じるなら、気性の荒いブーケファロスを乗りこなすことができたのはアレクサンドロス大王だけだったという。さらに、人間の必要に応じてつくられたウマの品種は六〇〇にもなり、大型馬車を引くウマから競走馬やパリ共和国衛兵隊の騎馬まで、私たちのために様々な仕事を行っている。だが現在、世界中のウマを全部合わせても六〇〇〇万頭ほどしかおらず、そのうち四分の一近くが北米にいる。六〇〇〇万というのはフランスの人口にも満たない数だ。

ウマは四〇〇〇年以上にわたり、人間が征服した最も必要欠くべからざるもの、最も高貴なものとされてきた。しかしながらこんにち、モンゴルなど世界の一部の地域を除いて、ウマはそうした計り知れない価値を持つ人間の友ではなくなっている。モンゴルにはいまも、国の人口より多い四〇〇万頭のウマがいる。だが西洋でウマが見られるのは、ほぼ娯楽産業とスポーツ産業のみとなった。そればかりか一部の人間は、所有するウマが最高のパフォーマンスを発揮するのを期待して、優良馬のクローンをつくることもためらわない。自分の利益を増やすため、最先端の遺伝子技術を用いてドーピングの開発競争を繰り広げている者もいる。

このようにウマの歴史を見れば、私たちの社会がかつてどのようなものだったのか、また当時の人々がウマに対してどれほど情熱を注いでいたかがわかる。本書がたどる歴史は、もちろん随所で歴史学と考古学を道具として用いるが、遺伝学も重要なツールになる。というのも、驚かれるかもしれないが、私たちはこんにち、ウマのＤＮＡを難なく解読できるからだ。骨格だけになって自然史博物館でなければお目にかかれないウマ、考古学の遺物しか残っていないウマでも、そのＤＮＡを読むことができる。それによって時間をさかのぼり、ウマの系統と歴史をたどることができる。私たちはもうウマに乗らなくなったが、遺伝子に書かれたメッセージを通して、ウマが生物学的にどのような進化をとげてきたか、ウマが家畜化されたときから私たちが現在知っているウマがつくられるまでに飼育者たちがウマをどのように変えてきたか、知ることができるのである。それこそまさに、私の研究グループが一〇年以上前から取り組んでいる旅である。旅の途中で遭遇した意外な事実の数々は、私たちがまったく予期しないものだった。なぜなら、その旅は私たちを世界各地、時の奥底へ導いたばかりか、人間が征服した最も高貴なものの歴史のいくつかの章を完全に書き替えることになったからだ。さあ、さっそく旅に出よう。

第2章　起源のウマ

ファーラップ——戦間期のスター

「親愛なるリュドヴィク、自己紹介させてください。私はリサーチャー、番組制作者で、ファーラップの心臓の遺伝子検査を行ってほしいと、キャンベラ国立博物館の上層部と学芸員に掛け合っています」。実を言えば、私はこのとき、ファーラップの話をすでに聞いていた。数か月前、ファーラップの遺物を保管している学芸員が私にコンタクトをとってきたのだ。しかしケリー・ネガラが上記のメールを送ってくるまで、一九三〇年代のサラブレッドが地球の反対側のオーストラリアでどれほど人々の記憶に刻まれているのか、まったく知らなかった。ケリーのように、いまでもこのウマのドキュメンタリーやラジオ番組をつくろうとする人々がいるのだ。「私の家族はファーラップの尻尾の毛を持っています。親しい友人でファーラップの調教師だったトミー・ウッドコックとその妻エマから預かったものです」。そしてこう続ける。「もしそれがファーラップの遺伝的特徴を証明する役に立つなら、あなたにお会いして直接渡したいと思います」。さてどうしたものか。まずはファーラップについてもっと知らなければならない。たまたま目に止まったABCニュースの記事に、私の好奇心はかき立てられた。記事のタイトルはこうだ。「ファーラップはまさしく砒素《ひそ》で殺されたと専門家たちは語る」

ファーラップの物語は非常におもしろく、ハリウッド映画になってもおかしくないくらいだ。一九二六年にニュージーランドで生まれ、タイ語で「稲妻」を意味する名前がつけられた。その名はまさにぴったりだった。レースに出始めた頃は、どちらかといえばぱっとしなかったものの、たちまちその名にふさわしい活躍をするようになった。三歳馬の最も権威あるレースに続いて、南半球の競馬の最高峰である伝説のメルボルンカップにも勝利した。そのあとのことは一行で要約できる。オーストラリアでもほとんど勝ち続け、一九三一年末、不敗のウマとしてアメリカに渡った。

太平洋の向こう側でも勝利を重ねることが期待されたが、当然のことながら、もっと稼げると見込んだ所有者の実業家は、北米大陸を巡回させることにした。ファーラップはメキシコへ向かい、一九三二年三月二〇日、当時の最高賞金額を誇ったレース、アグアカリエンテ・ハンデキャップで勝利を収めた。名だたる競走馬を尻目に、二馬身の差をつけてゴールし、五万ドルの賞金を獲得した。ファーラップは次のレースの準備をするため、カリフォルニアのメンローパークにある私有の牧場に向かった。競馬界はじりじりしながら待っていた。英国王ジョージ五世は自ら電報を送り、アグアカリエンテでの「見事な勝利を心より」祝した。MGMとも接触する予定だった。映画会社はこのウマをテーマに短編シリーズをつくろうとしていたのである。要するに、ファーラップは栄光の頂点にあった。ファーラップがもう二度と競馬場に姿を現わさないとは、誰ひとり思いもしなかった。翌月の四月五日の早朝、調教師のトミー・ウッドコックは大切なウマの前で涙に暮れていた。ファーラップはひと晩苦しんだあげくに死んでしまったのである。

不審な死

ファーラップの死をめぐる状況については多くのことが書かれてきた。事故、薬物の過剰摂取、感染症、毒殺されたとも言われたが、ほとんどすべて憶測にすぎない。ただ言えるのは、一九二九年の大恐慌からそれほど時間がたっておらず、禁酒法の時代であったことから、何か金をめぐる問題が起きたらしいということである。ファーラップの圧倒的な強さは、マフィアのような犯罪集団やその下にいるブックメーカー［賭けの胴元］にとって都合が悪かったということだ。「シカゴ・デイリー・ニュース」は、もぐりの酒場とブックメーカーのあいだで六〇〇万ドル、いやおそらくそれ以上の金が動き、当時の町の顔役だったアル・カポネの金庫を潤したに違いないと推測している。また二〇一〇年にはドイツの調査チームが、ファーラップの体毛に多量の砒素が含まれているのを発見した。しかもそれは薬剤の投与によるものであり、毛皮の保存状態をよくするために剝製に塗られるものではなかった。ファーラップの死因として最もインパクトのある仮説のひとつが、その体毛によって再び取り沙汰されるようになった。ファーラップは毒殺された可能性があるということだ。なぜなら、ファーラップが勝ち続けることにより、詐欺師《さぎし》の親玉その人の利益が脅かされることになるからである。

これはいかにもありそうな話であり、いずれにせよ、ケリー・ネガラはこの説を信じていた。とはいえ、実際に金を出した人物と犯行の動機は謎のままだろう。だからこそ彼女は、国のイコンとしてキャンベラ国立博物館にいまも展示されているファーラップの心臓で遺伝子検査をやってもらおうとしているのだ。あれはファーラップの心臓ではなく、犯罪を偽装するため、当時の科学研究所が心臓の組織から砒素《ひそ》を検出しないように身代わりにされた別のウマの心臓かもしれない。心臓を取り替えてしまえば、ファーラップの死は自然死とされて一件落着となり、実際の犯罪についてそれ以上、追及されることはない。一九三〇年代の研究所に、ドイツのチームが体毛を分析して砒素を見つけたときに使用したようなシンクロトロン［加速器実験施設、物質の分析などに使われる］はなかった。組織と心臓を分析し、策略が用いられたことが明らかになって、ようやく毒殺の判断を下せるのである。彼女によれば、自分が所有する尻尾の毛でファーラップの遺伝的特徴を探り、心臓のそれと比較して陰謀を暴けば、本当のことがわかるはずだった。そこで私たちは、彼女の仮説を検証するため、私の研究所でそれら遺物のＤＮＡを検出してみることにした。

失敗がヒントに

残念ながらその心臓は、化学物質のホルマリンに一世紀近く浸かっていた。組織を保存し、劣化を防ぐには必要な措置だが、それによってしばしば、どんなに腕の良い遺伝学者でも遺伝子を取り出せなくなる。ケリーが期待するような分析はできない。しかしながら、チャンピオンの体毛からは十分なＤＮＡが得られ、遺伝的にはサラブレッドにきわめて近く、それ以外の品種のウマでないことが確認できた。さらに、このウマが死んで九〇年以上たつ現在のサラブレッドより、このウマより二〇年ほど前に生まれた別の名馬ダークロナルドに近いように見えた。また、遺伝学者におなじみの、栗毛のもとになる突然変異も有していた。このきわめて特徴的な毛色では、しばしば前額部と四肢の先端に白い斑紋《はんもん》が現われるのを除いて、たてがみから全体の毛並みまでほぼ赤褐色になる。そしてファーラップは、サラブレッドによくある鹿毛《かげ》でも黒毛でもなく、まさしく栗毛のウマだった。そのためこのウマのニックネームは、一九七〇年生まれでやはり「競馬場の恐怖」との評判をとったセクレタリアトと同じだった。「ビッグ・レッド」である。決定的な材料が欠けているので、ケリーの仮説を立証することはできなかったが、私たちは伝説のウマの遺伝情報を一部、解読できた。

だが、死後一世紀近くたったファーラップが間違いなくサラブレッドであり、栗毛のウマであることが遺伝子で確認できるなら、その祖先とそれ以前に生きていたすべてのウマについて同じように分析できるのではないか。とくに有名なウマでやってみたらどうだろう。そのいくつかはまだ自然史博物館に保管されているし、考古遺跡にはほかにもたくさんウマが埋まっている。可能ならば、時間をさかのぼり、人間が征服した最も素晴らしいものの家畜化の歴史をDNAで描き出し、それによってウマの遺伝的歴史を復元できるのではないか。このアイデアを思いつくと、しだいに頭から離れなくなった。私の人生を一〇年以上、このアイデアに捧げることになろうとは、そのときはまだ思いもしなかった。あれから一〇年以上たったいま、私は喜んでこう認める。なるほど、私たちは時間を旅することができた。歴史をさかのぼり、考古学最大の謎のいくつかを解くことができた。ウマを初めて家畜化した先祖は誰なのか。彼らはいつ、どこで暮らしていたのか。人間が家畜化に成功した最後の大型哺乳類のひとつを、どうやって手なずけたのか。以上がとりわけ大きな謎とされていた。

最初の家畜ウマの痕跡をたどって

「最初の馬勒《ばろく》［制御のためウマの頭部につける道具の総称］と最初の搾乳《さくにゅう》」。これは二〇〇九年初め、エクセター大学教授で分子生物学者のアラン・アウトラムを中心とするチームが科学専門誌「サイエンス」に投稿した論文のタイトルである。幸先は非常によいように見えた。アランはその論文で、カザフスタンのボタイで発見したことについて報告していた。ボタイの集落跡はカザフスタンの首都アスタナから車で北西へ数時間走ったところにある。アスタナは文字どおり「首都」を意味するが、二〇一九年にヌルスルタン・ナザルバエフに敬意を表してヌルスルタンに改名された。ナザルバエフはソ連崩壊後に強権的な手法で国を率いたのち、この年に権力を移譲したのだ。ボタイは非常に重要な遺跡なので、クラズヌイ・ヤルのような周辺の遺跡に見られる文化全体を「ボタイ文化」と呼んでいる。ここで断っておくが、この文化は中央アジアのステップの真ん中に位置するにもかかわらず、定住民の文化であって、遊牧民の文化ではない。ボタイの人々は半地下の、モンゴル遊牧民のテント「ゲル」のような円形の小屋に暮らしていたが、それはフェルトと布ではなく、木の枝と粘土でできていた。要するに定住用の住居である。私のように普段、研究室にこもっている人間でも、夏になるときまって現地に足を運ぶ。住居跡には、小さな庭のように草が生えており、ステップに緑の斑点を散らしたように隣り合ったり向かい合ったりして、かつて人々が暮らしていた場所であることを示していた。地面を正方形に区切って発掘を始めると、まもなく、ほんの数十センチ掘ったところから家の床が現われた。堆積物は五五〇〇年前から五一〇〇年前のもので、ときおり土器のかけらも見つかった。土器には三角形の幾何学模様と点々の平行線がいっぱい描かれていた。

ボタイは家畜ウマの発祥地か

住居と住居のあいだ、ときには住居のなかにも、地面に点々と穴が掘られている。多くの穴から動物の骨が、何百とまとまって見つかった。一九九〇年代にこの遺跡を発見し、最近死去するまで毎年夏に発掘していたヴィクトル・ザイベルトによると、三〇万点以上の動物の遺物が出土したという。だが、ボタイが同時代のほかの文化と異なるのは、それらの埋蔵物の大半を一種類の動物が占めていたことである。それは多くの牧畜民に見られるようなウシやヒツジではなく、イヌでもなく、ウマだった。ウマは遺物の九九％以上にのぼり、それ以外の動物はほとんど見当たらなかった。すなわち、ボタイの住民はもっぱらウマを利用していたということだ。もちろん、いかに膨大な数であろうと、それは必ずしもウマが飼育されていたとか、家畜化されていたということを意味しない。狩られていた可能性もある。頭数はたしかに多いが、狩りの獲物であって、飼育されていなかったかもしれない。

だが民族学によれば、狩猟採集民が完全に定住するのはまれである。生活の糧《かて》を得るために、獲物を追って移動しているからである。しかも、数年後に私たちが行った遺伝子検査により、この時期にウマの個体数が減少していたことが明らかになっている。しだいに数が減っていく食料源をもっぱら狩りの対象としながら、そのような状況でもなお定住し、獲物がもっとたくさんいる土地へ探しに行かないとは考えられない。アランとヴィクトルの発見には、ウマが家畜化されていたことをうかがわせるものもあった。ボタイの一部のウマの第二前臼歯《きゅうし》には損耗の痕がある。専門家によれば、これは自然にできたものではなく、かなり硬い物体で繰り返しこすらなければできないという。しかしながらボタイの発掘では、金属製の馬銜《はみ》も、骨やトナカイの角でつくった馬銜もまったく見つかっていない。そうした馬具がさかんにつくられるようになるのは一〇〇〇年以上のちのことである。綱や紐があればウマをつないでおけるだろうが、そうした物はほんの数年で劣化しやすくなるため、よほど条件がよくなければ、五〇〇〇年以上前の遺跡から見つかることはない。反論の余地のない物的証拠がないので、考古学者たちは損耗の痕跡を何かにこすられた跡であると解釈するにとどめている。証拠がこれしかないなら、人を納得させられないし、異議を唱える研究者がいてもおかしくない。だが、証拠はほかにもあった。

狩猟者の仕事は獲物を殺すだけではない。動物が死んだらそれを切り分け、そのあと家まで運ばなければならない。ところがウマの体重は五〇〇キロほどある。集団で狩りをしても、動物を丸ごと居住地まで運ぶにはかなりの労力が必要である。そのため狩猟者は、動物の最も価値のある部位だけを持ち帰る。筋肉や脂がたくさんついている部位、そして骨髄《こつずい》である。これは民族学の研究でよく知られていることであり、動物がまだ家畜化されていなかった時代の遺跡、すなわち狩猟採集民の遺跡で発掘された骨の研究で確かめられている。もしボタイの人々が狩猟のみで暮らしていたなら、住居跡の穴で見つかったウマの遺物の多さは、獲物を食べたあとの骨で想定される量をはるかに超えている。専門家が「シュレップ効果」と呼ぶもの、つまり動物を切り分けてめぼしいものだけ持ち帰った痕跡がそこに見られるはずである。もしウマが家畜化され、その場で殺され食べられていたら、それとは逆に、体のあらゆる要素が細かい部分までほぼすべて見つかるはずである。アランとヴィクトルの観察が示唆しているのは、まさにその点である。ボタイには「シュレップ効果」の痕跡が見られない。それどころか、ウマの頭部の傷跡は、斧《おの》の一撃で即死したことをうかがわせる。それは追われている動物というより、動かないように押さえつけた動物に対して加えられたかのようである。つまり、彼らがウマを飼育する牧畜民であったことは明らかである。それだけではない。

ボタイやクラズヌイ・ヤルなどの遺跡に見られる小屋は、空間にランダムに配置されているわけではない。家々が直線的に並んでいることが容易に見て取れるし、そのラインが道、ときには広場の境になっていることもわかる。ボタイの集落はいわば都市計画に従ってつくられていたのである。さらに、私たちにとって重要なポイントは、考古学者たちがかなり深い穴をいくつも発見していることである。穴には杭《くい》が立てられ、その多くが六角形をしたスペースを囲む柵《さく》を支えていた。そのスペースには動物が入れられていた。それがわかるのは、囲いのなかの地面から局所的に、動物の糞《ふん》に特徴的な窒素とリンを含む有機化合物がたくさん見つかっているからである。つまり、それらの囲い地にウマが集められ、住居の近くで保護されていた。それはまさに、ウマがそれらの人々の生活に中心的な位置を占めていたことを示している。その場で飼育されていたという意味で、ウマが家畜化されていたと思われるのである。ここでようやく、アラン・アウトラムやヴィクトル・ザイベルトといった多くの考古学者がなぜボタイとその周辺をウマの家畜化の発祥地としているのか、その理由がわかってくる。

だがしかし……

しかしながら、一部の考古学者はこの論拠に異議を唱えており、ボタイのウマのサイズはそのあたりで「野生状態で」暮らしていたウマと変わらないと指摘している。ところでウシの場合、祖先の野牛オーロックスに比べて体が小さくなったことが、家畜化の当初から見られた。しかもそれは、発掘された動物の遺物が野生のものではなく家畜のものであると判断できる、第一の手がかりのひとつである。というわけで、彼らによれば、ボタイのウマは家畜ウマではありえない。ただし、ウマの場合、サイズが変化し始めるのは歴史のかなり遅い時期になってからである。それは鉄器時代、つまり一〇〇〇年以上のちのこと。ウマに引かせる戦車が見つかる時代以降のことだ。もちろん、体の大きさが変わらなくても、乗り物につながれたウマが家畜であることに変わりはない。実際、野生動物に乗り物を引かせようと考える者はいない。制御不能の動物にわが身を委《ゆだ》ねることになるのだから。つまり、体の大きさは、アラン・アウトラムとヴィクトル・ザイベルトの解釈を無効とするほど重要な問題ではない。

さらに別の考古学者は、飼育者が実際には家畜の群れのなかに多くの雄をとどめておくことがないのを根拠に、ボタイでウマが飼育されていたという事実に疑問を呈している。というのも、種畜が何頭かいれば、次の世代を確保するのに十分だからだ。飼育者の関心は、より多くの雌を育て、より多くの家畜を生産することだ。ところがボタイでは、雄ウマの遺骸と雌ウマの遺骸が同じ割合で見つかっている。子ウマと同定される遺骸の割合は、大人のウマに比べてとくに多いようには見えない。ボタイの飼育者が若い雄ウマを殺さなかったなら、彼らは本当に飼育者と言えるだろうか。彼らはただの狩猟者ではなかったか。こうした疑問はもっともである。だが、もしボタイの人々が狩猟しかしなかったら、子ウマの骨がこんなにたくさん見つかるだろうか。子ウマは最も捕らえやすい獲物だが、野生状態のウマは一頭か数頭の雄に守られた社会的集団を形成し、そのなかでたくさんの雌と子が暮らしている。したがって集団を襲撃すれば、子ウマの割合が多くなる。ここでも、アランとヴィクトルに対する反論は行き詰まる。それに、飼育者は別の理由で大人の雄ウマを殺さずにいることもあるだろう。たとえば荷物の運搬や狩猟のために。いずれにせよウマ以外に、狩猟者が獲物を捕らえる際に役立つ動物がいるだろうか。この解釈に従えば、しだいに数が減っていく食料源にアクセスしやすくするため、ボタイでウマが家畜化された可能性がある。ウマを飼育すればその場で肉が手に入るし、交尾すれば獲物不足を補えるかもしれない。アラン・アウトラムとヴィクトル・ザイベルトはそう確信していた。だが、まだ懐疑的な者はいた。

馬乳に含まれる元素の痕跡

そして新たな発見があった。今回は、ウマの歯や骨ではなく、ボタイに暮らす人々が使っていた土器から見つかった。実のところアランとヴィクトルは、そうした壺《つぼ》に食べものの残りかすがあることに気づいていた。それは容器の表面に付着していたようで、五〇〇〇年以上地中で保存されていた。化学的に分析すればその性質を特定できるのではないか。アランは賢明にも、エクセターに近いブリストル大学のリチャード・エヴァーシェッド教授の力を借りることにした。エヴァーシェッドは地球化学の専門家で、考古遺跡から見つかる元素の痕跡を分析することができる。どんな痕跡でもよいというわけではなく、同位体（アイソトープ）と呼ばれるものでなければならない。物理学の基礎知識を簡単に説明すると、原子核はプラスの電荷を持つ粒子の陽子と、電荷を持たない中性の粒子である中性子で構成されている。マイナスの電荷を持つ別の粒子が雲のように核の周囲を取り巻いており、その質量は原子核そのものよりはるかに大きい。原子——水素とする——が持つ陽子の数はつねに同じだが（水素ではひとつ）、中性子の数はつねに同じとは限らない。ひとつもないのが普通の水素、ひとつあれば重水素（ジューテリウム）、ふたつあれば三重水素（トリチウム）になる。これが水素の同位体、異なる種類の水素原子であり、陽子と中性子の数によって質量の異なる原子になる。炭素でも同じことだ。多くの場合、六つの陽子と六つの中性子から成るが、放射崩壊によらない形で、もうひとつ中性子を持つことがある。それが炭素13（6＋7）で、もはや炭素12（6＋6）ではない。私たちにとって重要なのは、原子は中性子の数によって質量が異なり、そのわずかな違いで、自然界でまったく異なる振る舞いをすることである。

とくに生物を構成する分子ではそうである。生物の分子はときに複雑なものもある多くの生化学反応でつくられ、使用される同位体によって反応のスピードが異なるからである。中性子が追加されて重くなった同位体、たとえば炭素13は、炭素12に比べて反応速度が遅くなる。この違いはたしかにごく小さいが、体内で起きている反応全体を考えれば、その影響を観察することは可能である。たとえば、私たちの体はやがて、炭素13が環境中に自然に存在するレベルに比べてかなり低下した状態になる。そして、分子の生成に関与する反応の数と種類により、生物の組織は同種の組織に比べて同位体がかなり低減する、つまり同位体シグネチャーという独自の同位体比になる。たとえば、脂肪組織に含まれる脂肪酸や、乳に含まれる脂肪酸がそうである。どちらも脂肪酸だが、それが含む同位体の割合はかなり異なるので、両者を区別できる。そうであるなら、これを使って、ボタイの人々がウマの乳を摂取していたのか、それともウマの脂肪を摂取していたのか特定できるのではないだろうか。

リチャード・エヴァーシェッドはそれより一〇年前にこの原理を論述していたので、アランは彼を頼ったのである。もちろん脂肪にもいろいろある。脂肪酸は炭素原子の様々な同位体に特徴的な比率を持つため、それぞれ質量が異なる。たとえばパルミチン酸（軟脂肪酸）はステアリン酸より長い炭素原子の鎖を持ち、したがってその同位体シグネチャーも同じではない。さらに動物が違えば脂肪酸の構成も異なるので、脂肪の種類ごとに分析を繰り返すことにより、どの動物の脂肪なのか、つまりウマなのかブタなのか、ウシなどの反芻動物なのか、区別できるようになる。要するに理論上、人々が摂取していたのは乳なのか脂肪なのかということだけでなく、それがどの動物のものなのかもわかることになる。

あとは、ヘキサン、メチルアルコール、クロロフォルムといった多くの化学溶剤を使って壺の破片に付着した脂肪酸を抽出して気化させ、気体の形にして質量分析器にかければよい。この機器を使えばわずかな質量の違いもわかるので、ボタイの人々の食事の残りに多く含まれる同位体が何なのか、知ることができる。明らかに、そして予想どおり、パルミチン酸とステアリン酸の同位体シグネチャーはウマのものであることを示していた。しかしながら、反芻動物で乳と脂肪を区別するのは容易だが、同じ方法を使ってもウマでは識別できなかった。違いを知るには別の元素の同位体シグネチャーを見る必要があった。

エヴァーシェッドは別の同位体、重水素を調べてはどうかと提案した。というのも中央アジアでは、水の同位体（水素原子をふたつ持つ）の組成は冬に雪の形で降ったときと夏に雨の形で降ったときで異なるからである。動物の体と同じく、季節によっても同位体の種類は分かれる。とくに、冬と夏の気温差が大きい大陸性気候ではそうである。ところで、雌ウマは冬ではなく夏に乳を出す。乳の同位体の組成には夏の水の組成が反映されるので、重水素が多くなる。脂肪ではこうはいかない。脂肪は季節を問わず再生産されるので、平均的な値になる。調べてみると、土器の破片に付着していた脂肪酸は平均的な値を示さなかった。それどころか、重水素がきわめて多く含まれていた。したがってこれは雌ウマの乳であり、脂肪ではない。どんなに頑固な研究者でも、疑いをさしはさむ余地はほとんどなかった。ボタイの人々はウマを飼育しようとした牧畜民であった。ウマを飼育することで、肉だけでなく乳も手に入る。飼育者たちが荷物の運搬だけでなく、別のウマを捕獲するためにそれらのウマを利用しなかったはずがない。徒歩で狩りをするより、簡単に捕まっただろう。要するに、彼らの経済はもっぱら、あらゆる形のウマ利用の上に成り立っていたのである。

ボタイのウマのDNA

最初の家畜ウマの遺伝的な特徴を知るには、ボタイを調べる必要がある。アラン・アウトラムとは当時知り合いでなかったが、ウマの骨で遺伝子を分析できるのではないかと考え、彼とコンタクトをとった。理想を言えば、全遺伝情報、つまりゲノムそのものを復元したかった。それは三〇億文字近くあるテキストになる。実際に技術は飛躍的に進歩しており、私のグループは、一九三〇年代に生きていたフアーラップのようにほんの数十年前のウマだけでなく、五〇万年以上前――約七八万年前－五六万年前――の生物組織の分析にも成功していた。それもやはりウマだった。

この技術をボタイに応用すれば、それらのウマをより正確に位置づけ、歯や骨についての重要な情報が得られると期待できる。たとえば毛並みの色や、こんにちのウマに共通して見られる遺伝疾患があるかどうか。さらには飼育者たちが選抜した結果、それらのウマが身体的、生理学的、行動的にどのような特徴を持っていたかもわかるだろう。アランは情熱あふれる人物で、すぐさま話にのってきた。ほどなくして、ボタイのウマから採取した最初のサンプルが送られてきたので、私たちは急いで分析した。私たちが発見するものについて何の疑いも抱いていなかった。二〇一六年夏には私がボタイへ足を運び、自ら新しいサンプルを採取した。実のところ意外な結果が出ると、もう一度分析して結果の有効性を確認しなければならない。今回のケースがまさにそうだった。

それは異論の余地なく意外な結果であったことから、権威ある科学雑誌「サイエンス」は私たちの発見と、素晴らしいウマの写真を表紙にすることを決定した。しかしながらそれはサラブレッドでもなければ、家畜の品評会で一等になったウマでもなかった。「サイエンス」が選んだのは、ボタイのウマに最も近いと思われる最後の野生馬、プルジェワリスキーウマ（モウコノウマ）だった。私たちが発見したものの本質を伝えるには、このウマの写真を使うのがいちばんだったのだ。ボタイのウマはこんにちの家畜ウマ、すなわち現在地球上に暮らし、畑で働いたり、レースに出たり、乗馬クラブで人を乗せたりしているウマの祖先ではなかった。そうではなく、プルジェワリスキーウマの直接の先祖だった。プルジェワリスキーウマとは、一九世紀末頃に発見されて以来ずっと、現存する最後の野生馬とみなされてきたウマである。したがって、明白な事実を認めなければならない。プルジェワリスキーウマは私たちが想像しているような野生馬ではなく、最初に家畜化されたウマの子孫である。それは非常識な話のように思われた。

しかも、私たちの発見はそれにとどまらなかった。二〇頭ほどのボタイウマのゲノムに加え、別の古代ウマ四〇頭ほどのゲノムの特徴を突き止めることに成功したのである。一部はカザフスタンのウマで、炭素14年代測定で五〇〇〇年前と出たボルリー4遺跡のウマ、もっと新しい三八〇〇年前のグリゴレフカ4遺跡のウマも含まれている。ほかにフランスのガロ・ロマン時代のウマ、カルパチア（中部・東部ヨーロッパ）のウマ、青銅器時代にさかのぼるウマもあった。実際、大西洋沿岸からビザンティン時代のアナトリア（小アジア、現トルコのアジア部分）、アケメネス朝ペルシア、モンゴルの匈奴などを経てシベリアまで、多様なサンプルが集められた。私たちはゲノムの塩基配列を決定することで、ウマたちがボタイとその周辺の発祥地を離れ、ユーラシアの残りの地域へどのように広まったのかがわかると考えた。要するにボタイを基点に、ウマの遺伝的歴史、ウマが世界を席巻した遺伝的歴史を語れると思ったのである。それはとんでもない間違いだった。過去の大文明のいかなるウマも、ボタイのウマにつながっていなかった。近かろうが、遠かろうが、その子孫ではなかった。この発見の結果は重大である。ウマの家畜化はウマの歴史でただ一度の出来事ではなかった。家畜化はボタイでたった一度起きたわけではない。ボタイとは別の場所で、ウマはもう一度家畜化されたのである。

最新ニュース――ボタイとは別の場所で二度目の家畜化が起きた

ＤＮＡからいかにして、このような結論に至ったのだろうか。まず思い出していただきたいのは、私たちが古代ウマそれぞれの染色体について塩基配列を決定しようとしたことである。すなわち、ウマが両親それぞれから受け継ぐ三一本の染色体（常染色体という）と性染色体（X染色体とY染色体、後者は父親のみから伝わる）、そしてミトコンドリア染色体である。C、A、G、T［シトシン、アデニン、グアシン、チミン］のたった四種類しかない遺伝子アルファベット［塩基］を組み合わせた文字は、全体で数十億にのぼる。そのテキストには、世代ごとにランダムな変異が現われる。精子と卵子の生殖細胞の形成へといたる分裂の過程で、つねに同じ遺伝情報がコピーされるわけではなく、あちこちで変化するからだ。これが突然変異である。生まれた子ウマはたしかに、母と父から伝わる染色体を一セットずつ持つが、両親それぞれから伝わった文字列には、ごくわずかではあるが、元のテキストとは異なる部分が含まれている。

集団のレベルでは、ゲノムの同じ個所でもいくつかの文字が異なるなどして、複数のヴァージョンが存在しており、集団遺伝学者が多型と呼ぶものになる。テキストのヴァージョンが異なっても、多くの場合、生物の機能にたいして影響しない。これが中立的な多型である。突然変異はランダムに出現し、全体のテキストは長く、遺伝子の限られた部分しか発現しない。そのためウマの寿命や繁殖力は、あまり大きな影響を受けない。このような条件において世代から世代へ、テキストのヴァージョンそれぞれが伝えられるが、それに影響を与えるのは偶然と、交尾する雌ウマと雄ウマの数だけである。どうしてそうなるのか、簡単に見ておこう。

集団がたった一組のカップルだけになるという極端なケースを想像してみよう。雌ウマのほうはゲノムの特定の個所に同じ文字、たとえばふたつのAがある。いっぽう雄ウマは同じ個所でも突然変異によってAとは別の文字、たとえばGを持つ。雌ウマは子ウマそれぞれに、自分が持つひとつの文字しか伝えることができないが、雄ウマは二回に一回、AかGのいずれかを伝える。それはコインを投げて表が出るか裏が出るかの確率と同じである。このゲームにおいて、カップルの繁殖力がとくに旺盛で一〇頭の子どもが生まれれば、多型は次の世代でも維持されるチャンスがある。コインの表と裏であるAとGは、一〇回投げたうちの少なくとも一回は当たる可能性がある。実のところ、一〇回続けて表が出る可能性は低い(一〇〇〇回に一回以下)。反対に、子どもが二頭しかいなければ、二回投げて二回とも「表」、たとえばAになることもまれではない(四回につき一回)。この場合、親の集団に存在する多型は次の世代で消滅する。したがって、中立的な多型が集団にとどまる時間、つまり突然変異の出現と消滅(誰も持たなくなる)ないしは定着(全員が持つ)を隔てる時間を条件付けるのは、なによりも繁殖に関与する個体の数——遺伝学でいう有効集団サイズ——であると考えられる。繁殖に関与する集団のサイズが大きくなるほど、多型の残留時間、すなわち関連するゲノムの個所でテキストのふたつのヴァージョンが共存する期間は長くなる。反対に、集団のサイズが小さいほど、多型の変異が次の世代に現われやすくなり(遺伝的浮動という)、多型が残留する期間は短くなる。関連するゲノムの個所にひとつのヴァージョンしか存在しなくなる状況に、より早く到達するのである。

ここで留意すべきことがある。集団が分かれて交ざらなくなると、それぞれの集団を構成している個体のゲノムに存在する違いは、それぞれの集団で独自に蓄積されることである(その出現はランダムである)。元のテキストとの開きは、集団が分かれてから経過した時間を反映している。有効集団サイズが小さくなると、それが内に秘めている多型の出現頻度に大きなばらつきが出る。このような状況が生じるのは、ある地理的区域に居住していた祖先の集団がふたつに分裂したとき、たとえば少数の人々が新しい島の海岸に到達して定着するとか、人間がある集団をほかの集団から引き離して服従させるといったときである。このように、ふたつの集団に属する個体のゲノムに見られる違いは、元の集団が分裂して時間がたったことを示す指標になる。すなわち時間的情報である。また、同じ集団に属する個体同士の違いから、その集団が形成されたのちの有効集団サイズが推定できる。こちらは集団的情報で、世代を通じて再生産された平均的な個体数として見ることができる。

このようにしてウマのゲノムを解読すれば、テキストの簡単な比較により、それらが同じ集団に属しているか（遺伝の「文字列」が非常に近い）、異なる集団に属しているかがわかる。異なる集団に属している場合は、それらの集団がいつ分かれたのかがわかるし、それぞれの個体数の推移も推定できる。要するに、こうしたテキストの比較により、集団遺伝学で進化の歴史と呼ぶものを復元できるのである。ご存じのように、いまでは遺伝子のテキストが解読され、新しい歴史のアーカイブとして認められるようになった。文字を持たない動物種にも歴史のアーカイブはある。

私たちの研究に話を戻すと、このようなテキストの比較により、プルジェワリスキーウマと現存する家畜ウマのあいだに深い断絶の存在することが明らかになった。私たちの推定によると、このふたつが分化し始めたのは約三万五〇〇〇年前である。ボタイウマは最初の枝に位置づけられ、この枝はプルジェワリスキーウマにつながっている。したがって、ボタイウマはプルジェワリスキーウマの直接の祖先である。カザフスタンの別の遺跡、五〇〇〇年前にさかのぼるボルリー4のウマを除いて、私たちが塩基配列を調べたほかのどのウマも、この枝に現われなかった。つまり、ボタイウマに近い子孫としてボルリー4のウマがいるものの、やがてこの系統は消えてしまい、プルジェワリスキーウマの形で再び出現したかのように、すべては進行しているのである。もちろん、この系統は完全に消滅したわけではなく、まだ存在している。消滅したように見えるのは私たちのサンプリングのせいであり、人とウマが一緒に暮らしていた遺跡を探す必要があるのは明らかである。このように私たちの分析結果からわかるのは、実際には消滅の歴史というより、人間から遠ざかって野生状態に戻った歴史である。さらに、このようにして復元された進化の歴史は、この期間に遺伝的浮動が強力に働いたことを示している。つまり、ボタイウマの個体数は大きく減少したということであり、増加したわけではない。家畜ウマが拡散した歴史とは反対である。さらに私たちは、この最初の研究において、チェコのカルパチア盆地で約四〇〇〇年前に生きていたウマからボタイウマの遺伝子の痕跡を発見した。塩基配列を調べたほかのどのウマも、年代や出生地に関係なく、この同じ遺伝子の枝に連なることはなかった。したがって私たちは、五〇〇〇年前から四〇〇〇年前のどこか、前三千年紀のあいだに、第二の家畜ウマの系統がボタイの最初の家畜ウマの系統と完全に置き換わったと結論づけた。第二の系統こそが現代の家畜ウマにつながるのである。

それはまさしく選手交代であった。というのも、遺伝子のテキストを比較しても、ボタイウマが属する系統と、便宜的にＤＯＭ２と名づけた第二の系統が入り交じった形跡がほとんどないからだ。実際、第二の系統には、第一の系統に存在する遺伝子の変異のおよそ三％しか見つからない。言い換えれば、ボタイウマだけを考えると、家畜ウマに特徴的な遺伝子の変異の九七％がいまだに説明できないということだ。したがって、現在の家畜ウマの起源はまだ不明であり、ほかを探す必要があった。私たちが次に取りかからなければならないのは、その仕事である。過去のある時期――前三千年紀――を調べる必要があることはわかったが、それ以外に何をすべきか、皆目見当がつかなかった。二度目にウマを家畜化したのは誰なのか？　彼らはどこで、いつ暮らしていたのか？　人間がまだ家畜化していなかった最後の大型哺乳類のひとつを、彼らはどのようにして手なずけることができたのか？　私たちは出発点に戻ったも同然だった……。

第3章　ウマのもうひとつの起源

ロシア西部とウクライナのステップのターパン

二〇一八年七月二三日。私たちが乗った飛行機はその日の夜半、考古学者のパーヴェル・クズネツォフ教授が待つサマーラ空港に着陸した。教授はロシア西部に広がるステップをよく知っており、ウマの家畜化について研究していた。ボタイウマが現在の家畜ウマの祖先であるという考えに異を唱える学者のひとりでもある。アラン・アウトラムの仮説をいちばん手厳しく批判している学者のひとり、と言ってよい。だから、私たちが四月初旬に発表したばかりの研究成果に、すっかり気をよくしていた。彼によれば、家畜ウマの真の発祥地を探すべきは世界でもこの地域であり、中央アジア方面ではなかった。

しかしながら、彼がそのことを私に語ったのは数日後、クラスノヤルスキーの主要な遺跡をいくつか案内してくれたときだった。クラスノヤルスキーはサマーラ州の二七ある行政区のひとつである。彼は私のほうを振り向き、南西の方角を指さして何か言ったが、私の名前「リュドヴィク」と、私が知っている数少ないロシア語のローシャチとタルパンという言葉しか聞き取れなかった。フランス人の耳には「ロシェト」と「タルパニ」と聞こえたが、それだけで、私の注意を引くのに十分だった。「ウマ」そして「ターパン」である。幸いにも考古学者のナターリャ・ロスカリエヴァが同行して通訳を務めてくれていた。彼女の字幕スーパーは私にとってきわめて貴重だった。パーヴェルが言ったのはこういうことだと、彼女は説明した。ここから数百キロ先のカフカスにいたるステップ、つまり私たちがいまいるところから南西の一帯に、かつて、このあたりでタルパンと呼ぶ野生馬が生息していた。ここで暮らしている人々の祖先がある日、そのウマを捕らえて家畜とするのに成功した。彼によると、現代のウマのもとになったのはそのウマであって、ほかのいかなるウマでもない。彼はウマのもうひとつの起源について簡単に説明した。それこそ、私たちが調べようとしていたことだった。

私たちの飛行機が着陸した時点に話を戻そう。パーヴェルはひとり、空港で私を出迎えた。ホテルまで行く途中、私たちの会話はずっと片言だった。幸いなことに、言葉の壁はまもなく、まったく問題にならなくなった。ほんの数日、考古学の出土物の入った段ボール箱や木箱、袋類をふたりで何百も運び、ほかの動物の遺物や陶器のかけら、人間の遺物のなかからウマの残骸を探し出し、骨や歯をごく小さな断片に切っているうちに、私たちのあいだに真の仲間意識が芽生えたからだ。彼の家のボルシチのレシピまで、スーツケースに入れるところだった。サンプルを採取したこともあって、当局の許可がすべて下りるまでにさらに時間がかかった。とはいえ、パーヴェルは考古学研究所の収蔵品の責任者だったし、サマーラ州立大学の学長を表敬訪問して全面的な協力をとりつけていたのである。しかしすぐに、私は不安を打ち消した。それらの遺物は必ず、フランスおよび私の研究所であるトゥールーズ人類生物学・ゲノム研究センターに届くだろう。そして数年後、そのうちいくつか、たとえばレピン・クトル遺跡やトゥルガニク遺跡の遺物は、私たちにとってパズルの重要なピースになる。

新しい関係のルーツ

ウマの家畜化でロシア西部のステップが重要な役割を果たした可能性があると考えていたのは、パーヴェルだけではない。彼の共同研究者であるデイヴィッド・アンソニーも同じ意見だった。大西洋の向こう側に暮らし、引退するまでニューヨーク州のハートウィック大学で考古学の教授を務めていたにもかかわらず、アンソニーは研究生活の大半をサマーラとその周辺で過ごした。人とウマの関係が根本的に変化したことを示す最も早期の手がかりがサマーラに近い遺跡にあると認めた学者のひとりである。たとえばクヴァリンスクには、一九七〇年代末から知られたヴォルガ川中流左岸の墓地がある。そこには、およそ六五〇〇年前に死んだ一六〇人近い人々の墓が散在しており、非常に多くの動物の遺物もあった。それらの動物は明らかに、死者を悼み、あの世へ送り届けるため、犠牲に捧げられていた。大半は反芻動物だったが、ウマも少なからず見つかった。ところが、それらのウマは全身ではなく、脚だけだった。あえて脚を選んだということは、埋葬祭祀の存在をうかがわせる。さらに、遺骸のかたわらに置かれた品のなかには、槌矛《つちぼこ》のような武器もあり、磨製石器でできた先端部は一目で動物の頭部を思わせる。ウマの頭部らしきものもある。

クヴァリンスクは孤立したケースではない。クヴァリンスクに隣接する埋葬遺跡で同じくウマの遺物が見つかったことで知られるセゼイエでも、これとよく似た歴史が見られるからだ。こちらのウマも犠牲に捧げられていたが、蹄と頭部のみが置かれ、その近くにウマのような形をしたふたつの小像があった。おそらくウマと見て間違いないだろう。人類学者のアンソニーによれば、それらの犠牲は、人とウマの関係の質が変わってきたこと、ウマが人々の信仰の中心的な要素になったことを示していた。彼らはボタイの人々より一〇〇〇年前に生きていた。当時、ウマはまだ、狩りの獲物にすぎなかったであろう。かといって、人間の社会におけるウマの位置づけがまったく変わらなかったわけではない。単なる食料の範疇を超え、より象徴的な側面を持つようになった。宗教と結びつけられた可能性もあり、実際に埋葬祭祀と関連づけられている。これだけで、ウマはすでに家畜化されていたという仮説を立てられるだろうか。のちにボタイのウマと置き換わることになるプロセスが、前三千年紀にすでに始まっていたのだろうか。いずれにせよ、アンソニーの説を信じるなら、こちらの仮説も一蹴すべきではないだろう。同じくボタイより古い別の遺跡でも、同じような傾向が見られるのである。

そのうち一か所はロシアのステップではなく、隣国ウクライナのステップにある。デレイフカという遺跡で、住居部分は三〇〇〇平方メートル近くあり、遺跡の規模はかなり大きい。ボタイのレベルには達していないが、この広大な遺跡から見つかった動物の骨に占めるウマの骨の割合は、全体の三分の二に近い。専門家によれば、七トン以上の肉に相当する量である。したがってウマは、かつてこの地域に暮らしていた人々の食料で特別な位置を占めていたことになる。だが、最も目を引く点は、ウマ全体の記念物的な性格ではなく、そこに保存されていた一頭のウマの遺物にあった。歯から判断して死亡年齢七歳から八歳と推定される雄ウマのうち、頭部と左前脚のみが置かれ、そのかたわらに二頭のイヌの遺体がそのまま残されていた。その近くには、ブタの形をした粘土の小像と、トナカイの角でつくられた円形の器具すなわち馬具の一部があった。またもやウマが、埋葬祭祀の中心に登場したことになる。だが、それだけではない。そのウマの歯、とりわけ第二前臼歯は、前面に鉋《かんな》をかけたかのようにひどく摩耗していた。馬銜《はみ》で繰り返しこすられなければ、このように斜めに削れることはない。それは疑う余地がなかった。したがってその雄ウマは、埋葬祭祀ないしは宗教祭祀の中心的な要素というだけでなく、生きているあいだ人を乗せていたのである。要するに、ヴォルガ川沿岸だけでなくドニエプル（ドニプロ）川沿岸でも、およそ六〇〇〇年前に、人はウマを家畜化し、初めてウマに乗って移動するようになったのである。

デイヴィッド・アンソニーがデレイフカの目玉となるサンプルを炭素14年代測定にかけるまで、少なくともこれが家畜ウマの起源にせまるモデルのひとつであった。アンソニーは文明史におけるこのキーポイントを、時間のなかにより正確に位置づけようとした。そしてこれが新たなどんでん返しとなる。その雄ウマが生きていたのは六〇〇〇年前どころか、前八世紀から前三世紀のあいだだったのである。その遺物は実際には鉄器時代のもので、発掘時に見つけられなかったより新しい層から混入したのであった。そのサンプルはアンソニーの説を裏づけることにならず、その信憑性が疑われる事態になった。すでに騎馬が存在していた時代のものなので、家畜化の始まりとはまったく関係ない。それに、別のウマの歯をさらに詳しく調べたところ、こちらは混入したものではなかったが、死亡年齢は五歳から八歳がピークのようだった。それは通常、ウマの成熟年齢にあたるとともに、飼育の論理そのものに矛盾していた。ウマを飼育して増やす場合、雄の大半はごく若いうちに、雌は体が衰えて子どもを産むことが期待できなくなってから殺される。ウマの家畜化が始まった場所としてのデレイフカは終焉を迎えたかに見えた……。

干し草のなかから針を探す――中部ヨーロッパ仮説

とはいえ、ロシア、ウクライナのステップを発祥地とする仮説は完全に排除すべきだろうか。必ずしもそうとは言えない。世界のほかの地域についてわからなければ、この仮説を排除するのは早計だろう。たとえば中部ヨーロッパ、とくにハンガリーとチェコでは、化石の記録により、前六千年紀から前三千年紀にかけてウマの大きさが極端に変化したことがわかっている。この時期に、平均的なサイズが増大しただけでなく、個々のウマでより変化に富んだものとなり、やがて前三千年紀半ば以降に標準サイズは低下する。同じ集団の成熟したウマがそれ以前に野生状態で到達していたサイズより大きくなったり小さくなったりするというのは、それ以降、ウマが自然のなかで独自に進化せず、人間の活動の影響を受けるようになったことを示している。つまり、人間が一部のウマの餌を改良して成長を促したり、とくに小さい馬を保護して生き延びられるようにしたのである。サイズがやがて標準化し、全体的に小さくなるのは、飼育のコントロールがより進歩したしるしである。それには実用的な理由——同じようなサイズの動物のほうが扱いやすいし、より小さいほうが危険は少ない——と生産に関連した理由がある——動物がそれほど大きくならなければ囲いに入れておくことが可能である。

これは一見したところ、説得力のある論拠に思えるかもしれないが、証明するのはきわめて難しい。実のところ、体の大きさに影響を与えるパラメータはたくさんある。たとえば、その動物が生きていた環境の気温がそうだ。ベルクマンの規則によれば、定温動物の体の大きさは極地に行くほど大きくなり、赤道に近づくにつれて小さくなる傾向がある。飼育に都合のよいように大きさが変化したのは家畜化を反映したものと解釈されるが、実際には、その時代に地域の気候が微妙に変化した影響にすぎないかもしれない。さらに、地域の生態系のちょっとした変化によって植物のサイズが小さくなったり、別の植物が進出したりして、ウマの餌、ひいてはウマのサイズが大きな影響を受けたのかもしれない。体の大きさが異なるふたつの野生の集団が出会い、人間が飼育するのと似たような現象が起きた可能性もある。

異なる集団が融合すると、標準化が進むからである。

中部ヨーロッパでウマが家畜化されたという仮説は、おもに体の大きさの分析に基づいており、いちがいにあり得ないとは言い切れない。かつて検討されたことがあるので、私たちも無視することはできない。そこで、この種の分析が大好きなチェコのふたりの考古学者、レネ・キセリとルボミール・ペシュケにコンタクトをとった。二〇一六年に発表された論文から、彼らがこの地域の非常に豊かな考古素材を保有していることがわかっていた。それらを遺伝子検査のふるいにかけることを承諾してくれるだろうか。私はモンゴル出張の帰りに接続便を待っていた北京の空港からメールを送った。ヨーロッパに着陸したとき、私のメールボックスにすでに返事が届いていた。彼らは乗り気で、サンプルの宝の山がまもなく送られてきた。

イベリア半島——可能性はあるが議論の余地のある発祥地

すべての仮説を検証するなら、イベリア半島もはずすことはできない。この地域のことは、ネタに窮した新聞の埋め草のように、たびたびメディアで取り上げられるからだ。ピレネー山脈の南に位置するこの地域は、最終氷期の最盛期にしばしば、多くの動物種に避難所を提供した場所とされている。われわれ人類も例外ではない。要するにイベリア半島は、人とウマが途切れることなく隣り合って暮らし、長期にわたって知り合うことのできた、世界でもまれな地域のひとつである。さらに、このあたりには旧石器時代の洞窟壁画がいくつもあり、地域の人々がこの動物をしっかり観察していたことがうかがえる。ウマは彼らの芸術表現の卓越した主題のひとつであり続けた。それだけではない。過去においてウマが生息できた生態的範囲のモデルは、この地域のおかげでウマが絶滅することなくいくつもの時代を乗り越えてきた事実と矛盾しない。実際、これまでにユーラシアで発見されたウマの考古遺物をすべて調査し、炭素14年代測定で地図上にしるしていけば、ウマがその歴史を通じて快適に暮らすことのできた気候条件を知ることができるだろう。いわば気候的ニッチがわかるのである。それを知るには、私たちのデータを古気象学者たちが作成したより正確なモデルに重ねていけばよい。

それがまさに、私たちがボタイウマの遺伝子調査に続いて二〇一八年七月まで行っていた研究である。その分析によると、イベリア半島は過去四万年にわたり、ウマの生態的必要性に完全に適合した気候条件を提供していた。したがって、イベリア半島ではウマに都合のよい気候条件が途切れることなく維持された可能性は十分にある。ウマがここで家畜化されたというのも、あり得ない話ではない。しかしそれは、カスピ海からボタイを経て中央アジアの一部に広がる地域も同様である。要するに、こうした気候モデルはおそらく、ほとんど何も語っていないということだ。同時にそれは、中部ヨーロッパやウクライナを含めてほかの地域の大半がその歴史のある時期に、ウマがその地域で生き延びるのが難しい厳しい寒さに見舞われたことを示している。このように、考古遺跡の空間的・時間的分布にもとづく気候の論拠は、サイズの分析やウマの象徴的役割にもとづく論拠に反しているように見える。痕跡や手がかりがこれほど矛盾しているのだから、家畜化の起源の謎がさっぱり解けないのも不思議ではない。

現存するウマの遺伝的多様性の分析にもとづく論拠でも、イベリア半島はヨーロッパのほかの地域より優位にあり、イベリア家畜化説を裏づけているように思える。その論拠をもたらしたのは、オックスフォード大学を拠点とするアンドレア・マニカのグループである。彼のグループは何年も前から、この地域がヨーロッパで遺伝的多様性のホットスポットになっていることに注目してきた。その研究でアンドレアが関心を持ったのは、マイクロサテライトという特別な遺伝マーカーだった。それは簡単に言うと、非常に短い文字列、いずれも六文字に満たないコピーが反復されるゲノムの領域である。ウマはゲノムのある場所に、かなりの数のコピーが繰り返される塩基配列を持つことがある。それに対してほかの動物では、遺伝子の数が異なることが多い。ウマの場合、遺伝的多様性は単に別の言葉に置き換わるというより、同じ言葉のコピーの数の変異として現われる。つまり、イベリア半島の種で遺伝的多様性がより大きいのはそこで家畜化が始まったから、つまり変異が蓄積する時間がたっぷりあったからと考えるまで、あと一歩のところまで来たわけだ。したがって、私たちもこの仮説を検討する必要がある。

とはいえ、こんにち、早期の家畜化とは別のシナリオでも、この地域で観察される遺伝的な豊かさをうまく説明できるかもしれない。たとえば、この地域がつい最近まで、非常に多くの地方から馬種が集中して「るつぼ」のようになっていたとか、イベリアの家畜業者がどこよりも馬体の大きい集団を地域にとどめていた、といったことである。

アナトリア起源説

いまや私たちが検討しなければならない地理的範囲は、イベリア半島からヴォルガ川まで広がった。それは、幅四〇〇〇キロ以上にもなる広大な領域である。そして、あたかもそれでは足りないかのように、調査範囲はさらに広がり、家畜ウマのアナトリア起源説という最後の仮説を検討する必要が出てきた。キルクラレリ・カンゲリシットというバルカン半島東部にあるトラキアの遺跡で、前三千年紀半ばにウマが初めて出現したようなのである。それは、私たちのデータがウマ集団の遺伝子構成に大きな変化があったことを示した時期と重なる。中部ヨーロッパで家畜化されたという仮説では、キルクラレリ・カンゲリシットのウマは北から来た祖先、つまりカルパチア起源のウマの子孫ということになるし、また、カルパチアのウマの祖先は実際にはアナトリア生まれで、ボスフォラスのアジア側からカルパチアにやって来たという逆の歴史も考えられる。実際、アナトリアでは一万年近く前からウマと人間が共存していたことを示す考古学のデータもある。さらに、ウシをはじめヤギやヒツジといった大型草食動物の多くの種が家畜化されたのも、この地域である。動物の飼育に必要な知識と技術がそこにあったなら、ほかの動物と同じようにウマにも応用されたと考えてもおかしくない。

ここまで来たところで、キルクラレリ・カンゲリシットのウマはすぐ近くのルーマニアのドナウ川沿岸――アナトリアより二〇〇〇年早くウマが知られていた――から到来した、あるいは黒海沿岸のウクライナのウマの子孫であるという仮説も成り立つではないかと思われるかもしれない。それも一理ある。それらの集団すべての遺伝子を分析しなければ、私たちは考えられる起源についてあれこれ推測したり、想像したりするしかない。そこでいよいよ、ゲノム分析の出番となる。

答えはトンネルの先に

あとは技術的な手順に従い、サンプルを機械にかければすぐに答えが得られると思ったら、大間違いである。答えが出るまでに、私たちは四年の歳月を要した。二〇〇回以上の炭素14年代測定を行い、数千億の塩基の配列を決定し、ついに家畜ウマの起源の謎を解くことができた。というのも、不運なファーラップの心臓と同じく、私たちが分析したサンプルの大半は、もはやＤＮＡが残っていないか不十分だったからだ。そのため、何度も気を取り直して再び飛行機に乗り、現地の研究者に改めて協力を仰ぎ、あるいは新たな研究者にコンタクトをとって、私たちの分析に必要な試料を手に入れなければならなかった。結局、数千種のサンプルを分析しなければならず、そのうち特徴が判明したのは二六四種だった。

私たちが研究に取りかかったとき、必要だと判明したサンプルすべてを入手していたわけではなかった。調べたいと思っていた地図の広大な領域が埋まったのは、プロジェクトの終盤になってからである。つまり私たちは、一週ごとに小さな一歩を刻みながら進んだのだ。そして、突然ひらめいたわけではないが――私たちの誰ひとりとして、ある朝「ユーレカ〔われ見出せり〕！」と叫んだことはない――、何もわからない状態からすべてがわかった状態へと、一八〇度転換した。それはまさに、きわめて体系的かつ根気のいる集団作業であり、チームのメンバー全員がそれぞれの持ち場で、何か月も何年も、倦むことなく同じ作業を繰り返した。「ネイチャー」に掲載された最新の論文は、皆がどれほど力を合わせてがんばったか物語っている。世界三〇か国以上、一六〇人以上の研究者が協力して成し遂げたのである。

彼らにはいくら感謝してもしきれない。シーケンサーで新たなデータが得られるたびに、こちらが送ったメッセージを読んでくださったからだ。私のメッセージは主として、どこそこの新しい標本を探す必要がある、というものだった。私たちの手元にある標本だけでは足りなかったのである。特別なサンプルをなんとしても手に入れたい、というメッセージもあった。それはきわめて有望で、どうしても分析しなければならないと思えたからだ。現在の家畜ウマの祖先がそれに含まれていると、私は何度信じたことだろう。得られたばかりの新しいデータを見て、一週間前に決定した最重要事項を何度練り直し、変更したことだろう。私と一緒に仕事をした人たちはそれを証言できるだろう。「いまにわかる。これは研究所が手に入れた最も重要なサンプルだ。間違いない」。私がこの決まり文句を口にしては、そのあとすぐに打ち消すのを、彼らはたびたび耳にしていた。それは当研究所の笑い話になっていることだろう。こうして四年近くにわたり、ほとんど毎週、十分な量の新たなデータが得られるとすぐ、私は同種の情報分析を繰り返してはチームを叱咤激励し、私たちの船をどうにか港へ導いていった。だが、実を言えば、私たちはほとんど霧の中を進んでいたのである。

起源の地理

私たちの分析のひとつにより、それぞれのゲノムを同一のグラフ上に点として表わし、同じ遺伝的歴史を共有していたことからほかのウマより近い関係にある二頭のウマを改めて位置づけることができた。このように、遺伝子のデータが十分にあれば、つまりゲノムの重要な部分の塩基配列を決定できれば、そのサンプルがプルジェワリスキーウマやそのボタイの先祖に近いのか、それとも現生の家畜ウマやその系統、私たちがＤＯＭ２系統と名づけたウマに近いのか、かなり容易に判断できるようになった。新しいサンプルが前者に近ければ、家畜化の起源をほかに探さなければならないが、後者に近ければ、私たちは正しい道を進んでいるとわかる。その目的は、遺伝子検査を続け、できるだけターゲットに近づくことである。

この簡単な原則に従ってゲノムを分析する――つまり私たちのグラフに新たな点を記す――につれ、地理的な論理が見えてきたように思えた。前三千年紀以前に生きていたウマについてはとくにそうだった。フランスやイギリスのウマは、ステップやアナトリアなどのウマに比べて互いに遺伝的に近かった。ステップやアナトリアのウマはグラフ上で、もっと離れた位置に現われていた。このように私たちのグラフを地図として読むと、いくつかの大きな地理的領域の周辺に、遺伝的に近いウマが集まっていた。こうして私たちは、ボタイウマがどうして現在の家畜ウマの祖先でないのか理解した。ボタイウマは単に同じ地理的領域に由来しないだけでなく、ほかの領域に由来するウマとほとんど交じらなかったのである。もし交じっていたら、ほかのウマと区別するのがもっと難しかっただろう。

プロジェクトが進むにつれて明らかになってきた遺伝的近縁性の地図を説明するには、特別な要素が必要である。それはまず、ウマは生きているあいだ遠距離を移動することはほとんどなく、出生地の隣接地域に閉じこもるように留まることを前提としている。次に、自然の要素が地理的障壁のように作用し、グラフ上の大きな領域のひとつから次の領域への循環が起きるのが妨げられる、あるいは少なくとも限定的なものとなる必要がある。たとえばピレネーやカフカスのような大きな山脈、黒海やカスピ海のような大きな湖や内陸海は、同様にして接触を妨げる役割を果たした。前三千年紀以前のウマの遺伝的近縁性の地図を簡単な図で描くため、同じ地理的領域の集団を色と独自のモチーフで表わすことにした。隣国同士で色やデザインが少しずつ異なる旗のようなものである。地理的領域が変われば旗も変わり、色とモチーフも新しくなる。

ドン・ヴォルガ下流域、家畜ウマの真の発祥地

私たちのグラフに点が加わるにつれ、前三千年紀の大半の状況がこれと同じであったことがわかってきた。要するに、数千年前から決定的な役割を果たしていた地理的障壁が、強い影響力を行使し続け、ウマ集団の遺伝子構成が拘束されたようなのである。だが、ある時点で別の地理的論理が働いたことを確認する必要がある。四二〇〇年前以降、独自の色とモチーフを持つ旗のひとつが発祥地を離れ、それまで生息していなかった地域に広がり、前二千年紀半ば頃に地図全体を占めるようになった。この旗の発祥地はどこだろうか？　本書の仮説で取り上げたように、イベリア半島、中部ヨーロッパ、それともアナトリアから来たのだろうか？　そうではない。私たちのデータはそれらの仮説をことごとく否定した。ひとつを除いて。それはかつてパーヴェル・クズネツォフが指さしたところ。つまりドン川とヴォ

ルガ川の下流域、北カフカスのステップでウマの家畜化が始まったのである。私たちはついに、探していた謎の地域の地理的範囲を発見した。現代の家畜ウマの真の発祥地である。

実際、私たちのデータ分析は十分に緻密だったので、パーヴェルよりも正確に位置を特定できた。それをもとに、四二〇〇年前の転換点となる年代以前にその地域にいた集団を区別できるわずかな遺伝的特徴をＡＩ（人工知能）に学習させた。これから先はゲノムの遺伝情報だけで、それ以降に生きていたウマの地理的起源を予測できるようにするためである。その結果は驚くべきものだった。過去四〇〇〇年間に生きていたウマであれば、私たちが分析したどの家畜ウマも同一の発祥地に由来していた。北カフカスのカスピ海沿岸を境とする三日月地帯である。そのウマがどこで生まれ、どこで生きて埋められようと――つまり大西洋岸、地中海沿岸、黄河沿岸など、どこの考古遺跡で発見されようと――、それらすべての家畜ウマは例外なく同じ祖先にさかのぼり、唯一の遺伝的発祥地にたどり着く。そこはかつて、数百キロメートルの範囲にすぎなかった。このようにして遺伝学は予想どおり、ほかのいかなるアプローチも解決できなかった謎に正確な答えをもたらした。まさに期待を上回る成果だった……。

繁殖コントロールとしての家畜化

だが遺伝学でわかったのはそれだけではなかった。このウマの系統の地理的な広がりは、それまでにない個体数の増加をともなっていたのである。それはあたかも、当時の飼育者がウマの繁殖をコントロールする方法を完全に知っていて、世代を経るたびにより多くの個体をつくり出してきたかのようである。とすれば、ウマが自ら出生地を離れ、各地の集団と交ざりながら、近いところから少しずつ拡散していったと考えるのは誤りだろう。実際はまったく違っていた。同一の発祥地から膨大な数が生み出され、各地の集団と交ざることなくユーラシアの果てまで急速に拡散したのである。それらのウマはまたたく間に広まり、ついに、途中で出会った在来集団に取って代わった。アナトリア、モルドヴァ、中央アジアに到達するまで一世紀か二世紀しか要しなかった。私たちのデータによると、それからほんの数世紀後、前二千年紀半ば頃にはモンゴルやカルパチア盆地に到達し、事実上、ユーラシア全域に広まった。

私たちがそう断言できるのは、DNAに記録されているのがウマの地理的起源だけではないからだ。すでに見たように（第2章を参照）、DNAは過去の有効集団サイズについての情報も与えてくれる。思い出していただきたいのだが、生殖に関与する個体数が多いほど、突然変異によって生じる遺伝的多型はより長期間、集団のなかに残留する。したがって、ある集団の遺伝的多様性は、その有効集団サイズ、言い換えれば繁殖に関与する雄と雌の個体数に関する直接のデータになる。この絶対的原理を、母親からのみ子どもに伝わるミトコンドリアDNAに適用すれば、その時代に繁殖に関与した雌の個体数を知ることができる。父親から息子にのみ伝わるY染色体に適用すれば、同様にして繁殖に関与した雄の個体数を推定できる。というわけで私たちは、母親と父親の系統、つまり雄ウマと雌ウマがともに、爆発的に個体数を増やしたと断言できるのである。一頭当たり、平均して一〇倍増えている。要するに、当時の飼育者は雄ウマのごく一部を種馬として利用するのではなく、手持ちの動物資源を総動員してできるだけ多くの個体を生み出そうとしたようなのである。

それればかりか初期の飼育者たちは、非常に有効な手段を用いて生産のピッチを上げる方法を見つけていたようだ。私たちのデータは、前三千年紀末に相当するこの時代の変わり目以降、進化が突然加速したあらゆる徴候を示していた。そう確信できるのは、この時代以降、ウマとロバを隔てる遺伝距離が、四〇〇〇万年前にふたつの種が分化したときより速いスピードで増加し始めたからである。突然変異の数が極度に増えてウマとロバが分かれ始めたとしても、そうした変異は世代ごとにほぼ一定の割合で現われていたのが、変異を持つ世代がそれまでより速いスピードで次々と出現するようになった。もっと簡潔に言えば、ウマとロバを隔てる遺伝距離が二倍の速さで増加していった。それは私たちのデータが示しているように見えることである。このデータにはさらに別の証拠も隠されていた。前三千年紀末以降、ウマの世代交代の期間が大きく短縮されたのである。たとえば、同じペアの染色体間で起きる遺伝子組み替えが加速したのが観察された。ところで、この種の遺伝子組み替えは、精子と卵子がつくられるときにしか起こらない。つまりそれが起きるのは、世代が代わるときだけである。それが過剰に見られるということは、世代同士がしだいに接近しているということだ。以上証明終わり《CQFD》。

　当時の飼育者たちは、生産のピッチを上げるという離れ業をどのようにしてやってのけたのだろうか。確かな証拠があるわけではないが、自然界では若い雄がまず年長で経験のあるリーダー雄を倒してようやく自らの雌ウマのハレムを手に入れることができるのに対し、飼育者のおかげで雄ウマはもっと早く繁殖に入れるようになり、飼育者がいなければ生じなかったような交雑も起こった。彼らはおそらく、雌ウマが自然界より早く交尾するようにして、早期の妊娠で流産しないような条件を整えることができたのではないか。研究が進めば、おもな手法がはっきりわかるだろう。だがＤＮＡは、当時の飼育者がそれとは別のものも探求していたことをはっきり語っている。こちらからは、ほかの系統ではなく、どうしてそのウマの系統が地球上に拡散したのか、その理由がわかる。それはウマの生物学的特性にかかわるものだ。

従順さと丈夫な背中、絶妙な組み合わせ

ＤＯＭ２の系統だけが成功を収め、ほかのすべての系統にたちまち取って代わったとなれば、その成功の少なくとも一部は説明できるような特別なものがＤＯＭ２のゲノムにあると考えるのが自然である。そこで私たちは、それぞれのウマのゲノムを再び集めてふたつのボックスに入れ――いっぽうは勝者、もういっぽうは敗者――、ゲノムの配列をひとつひとつ観察し、後者より前者によく現われる文字を決定しようとした。簡単な方法ではあるが、テキストを比較するだけで、ふたつのグループではっきり分かれるゲノム領域をふたつ特定できた。ひとつ目は、三番染色体のＺＦＰＭＩ〔*ZFPMI*、原著では生物学の決まりに従い、遺伝子名はすべてイタリックで表記されている〕と呼ばれる遺伝子にある。この遺伝子の産生物は、生物の発生時において、きわめて特殊なニューロンの形成に関与している。脳幹の重要な細胞核のひとつである、背側縫線核セロトニン作動性ニューロンである。ところでセロトニンは、ニューロン同士の情報のやりとりを可能にする神経伝達物質で、とくに気性と行動の調節に関与し、危険な行為を抑制する。ＺＦＰＭＩ遺伝子がコードするタンパク質の産生を不活性化するよう遺伝子を改変した実験用マウスでは、不安そうな行動のあらゆるサインが見られる。変異した雄のマウスはケージに入れられると、やがて自らを攻撃するようになり、通常よりたびたび自分を咬む。ＺＦＰＭＩ遺伝子が行動に直接影響を与える遺伝子と言われる所以である。

ウマに話を戻すと、この遺伝子の働きを阻害する突然変異は野生の集団にすでに存在したが、ウマの需要がしだいに増加し、飼育者が生産を加速させるようになる以前、変異の頻度が上昇することはなかった。彼らは繁殖のためにウマを選抜し、そうとは知らずに、この突然変異を持つ個体を増やしていっ

た。この変異は急速に、家畜ウマの大多数に見られるようになった。自然選択ではなく、人間の活動による選択が作用した可能性がある。なぜなら、この変異によって、ウマは実験用マウスのように攻撃性が低下し、より従順なウマになったからだ。ほかのウマだけでなくもちろん飼育者たち、移動に利用する人々、そしておそらくウマの乳を摂取していた人々と接触するようになっても、ウマの行動はそうした状況に容易に適応したに違いない。この地域におそらく同じ時期に暮らしていたふたりの人間の歯垢から、ウマ科動物の乳に含まれるタンパク質の痕跡が見つかっている。

現在の家畜ウマの系統が持つゲノムはまた、こちらは九番染色体にある第二の領域に関して、ほかの系統のゲノムと異なる点がある。問題の領域は、GSDMC遺伝子のプロモーターと関係がある。プロモーターとは、この遺伝子がコードするタンパク質の産生（発現とも言う）が開始される際に機能する遺伝子の領域である。現代の家畜ウマのヴァージョンでは多くの場合、プロモーターにDNA断片が含まれるが、ほかの系統には見られない。このDNA断片は、遺伝子の発現レベルやその条件に影響を与えると考えられている。医学の大規模なコホート［同齢集団］調査により、ほかの人より多くのGSDMCを生成する人々は、医学用語で脊柱管狭窄と呼ばれる症状——脊髄から出ている神経が通る管が狭くなる——になるリスクが高いことがわかっている。それは最終的に、神経の局所的な炎症と慢性痛を引き起こし、腰部が冒されると歩行が困難になったり歩けなくなったりする。要するに、この遺伝子の発現が過剰になると、背中が弱くなり、移動に支障をきたすようになる。DOM2のウマがあっという間に地理的に拡散したところを見ると、丈夫な背中とすぐれた移動能力が役に立ったと考えざるを得ない。この系統の初期の飼育者たちが、かつてない移動性を求める声に応えるため、最も適した性質に関係する遺伝子の型を持つウマを急速に増やしたと考えるのが妥当である。

66

結局のところ、炭素14年代測定とともにＤＮＡを分析してわかったのは、現生のウマが四二〇〇年前、北カフカスのドン・ヴォルガ下流域のステップで家畜化されたことだけではなかった。そのウマでなければならなかった生物学的理由も明らかになってきた。そのウマはほかのウマより従順で、別のウマや人と一緒にいても、その状態により耐えることができた。背中がより丈夫で、長距離の移動もなんなくこなす体つきをしていた。ＤＮＡがもたらした答えは、ウマの家畜化の舞台裏を明かしただけではない。まったく別の種、つまりわれわれヒトの歴史に関する仮説の根拠に直接疑問を投げかけることになった。今度はこちらについて見てみよう。

第4章　黙示録のウマ

インド・ヨーロッパ語族

フランスでは、地球上の三〇億人以上の人々つまり世界人口の二分の一近くと同様に、インド・ヨーロッパ語族の言語が話されている。この種の言語を話す人々がこれほど多いのは、フランス語に加え、かつて多くの植民地を保有していた国の言語、英語とスペイン語が含まれるからである。だが、インド・ヨーロッパ語族が成功を収めた理由はそれだけではない。地理的発見の時代とともに近代が始まり、大植民地帝国が出現する以前から、インド・ヨーロッパ語族の言語はすでに広大な領域に広がっていたのである。つまり、英語が世界の新たなリンガ・フランカ（共通語）になる以前から、ということである。たとえばラテン語はインド・ヨーロッパ語族だが、古代ギリシア語、ヒッタイト語、サンスクリット語もれっきとしたインド・ヨーロッパ語族である。実際、言語学の大きな下位区分に従ってひとつひとつの言語を並べ始めると、たちまち、インド・ヨーロッパ語族のリストはきりがないように思えてくる。大きな下位区分は、こんにち廃語となった六つの語派とまだ話されている八つの語派から成り、一部の語派はいまでも隆盛をきわめている。というのも実際、世界で話されているインド・ヨーロッパ語族は四五〇近くあり、そのうち三分の二以上がインド・イラン系言語の大きな語派を形成しているからである。インド・イラン系言語はおもにイラン圏、南カフカス、パキスタン、インド、スリランカに広がっている。

切手コレクターが大切なコレクションの目録をつくり、昆虫学者が採集したアリや蝶、甲虫などのリストをつくるように、言語学者は様々な言語を語族に分類する。語彙や構造、統辞、さらに発音の点で、共通の性質を持つ言語があるからである。ところで、言語があるということは、当然ながらそれを話す人々がいる。つまり、インド・ヨーロッパ語族同士に言語学的な関係があるということは、ほぼ間違いなく、遠い過去において同じ地域に暮らし、同じ言葉を話していた人々がいるということである。やがて一部の集団がその発祥地を離れ、世界の別の地域に移住した。その地で時間がたつにつれ、彼らの言葉は少しずつ変化し、いわば独立して、共通の語根を持つ新たな語派が形成されていったのだろう。インド・ヨーロッパ語族はゼロから生まれた静的な言語ではない。歴史の流れに沿って、ひとつひとつの言語がどのようにして生まれたのか見ていく必要がある。この条件が満たされれば、生物学者がこんにち生きている種に進化するまでの種同士の関係をたどるように、また遺伝学者が人の親族関係をさかのぼるように、すなわち系統樹の形で、インド・ヨーロッパ語族の歴史をいくらかでも明らかにすることができるだろう。言語学者が一世紀半以上前から復元しようとしているのは、まさに言語の系統樹である。その目的は、インド・ヨーロッパ語族の歴史をたどることのできる言語同士の親族関係を明らかにし、それによって、諸言語の母語であるインド・ヨーロッパ祖語が話されていた場所——原郷——を特定するとともに、それ以降の話者の親族関係を解明することである。インド・ヨーロッパ祖語にあたる言葉だけでなく、それを話していた人々を見つけること。それこそが、長年にわたり言語学の論争の的になってきたのである。

だが、言語の系統樹の枝をさかのぼるのは容易でない。それには多くの理由がある。実のところ、私たちはすべての古語を知っているわけではない。そのうちいくつかの言語、しかも枝から枝へ橋渡しをしていた言語は、こんにちまで残っていない。文字が発明されておらず口頭で伝達されるだけの言語もあれば、文字の痕跡がまだ見つかっていない言語もある。またシャンポリオンとロゼッタストーンに相当するものがないため、解読方法がまだわからない言語もある。そのいっぽうで、言葉は、生物学や遺伝学における遺伝の法則のように厳格なルールに従って伝えられるものではない。遺伝子は親族の系統に従って親から子へ伝えられる。言葉は四方八方に伝わり、共通の生活様式や歴史の偶然によって言語同士が入り交じる。共通するルーツがほとんどない集団のあいだでも伝わることがある。そのため言語では、距離の近さは必ずしも近縁性を意味しない。つまりインド・ヨーロッパ語族の歴史を理解しようとすれば、理論的に多くのモデルが提唱されることになる。そのためインド・ヨーロッパ語族の歴史はこんにちでも大きな論争を巻き起こしているのである。

騎馬戦士のルーツ

ウマの話はどこへ行ったのかと思われるかもしれないが、ウマのことを忘れていたわけではない。その反対である。この言語学論争の有力なモデルでは、インド・ヨーロッパ祖語が話されていたのはいまから七五〇〇年以上前の新石器時代初期のアナトリアとされているが、別のモデルではもっと北、北カフカスのポントス・ステップ（ポントス・カスピ海草原）とされているからである。ポントス・ステップに暮らしていた原住民族《ウルフォルク》は……騎馬の民であった。ここでようやく、この歴史の要となる動物の登場となる。実際に様々な言語、とりわけインド・ヨーロッパ語族の大半で同じ語根を共有する言葉を調べていると、必ず目にとまる言葉がある。ウマを意味する言葉である。インド・ヨーロッパ語族の系統樹を構成する非常に多くの言語のうち、アナトリア語派とトカラ語派のふたつに絞っても、明らかにウマに関連する言葉、雄ウマ、雌ウマ、蹄といった言葉が似ていることから、ふたつの言語が共通のルーツを持つことがわかる。バルト・スラブ語派とインド・イラン語派では、ウマの尾を意味する言葉が同じであり、騎馬遊牧民が好む、雌ウマの乳を発酵させてつくるアルコール飲料「クミス」も共通している。さらに、インド・ヨーロッパ語族の三分の二以上を占めるインド・イラン語派だけでも、二輪戦車《チャリオット》とその御者、馬銜《はみ》、競走馬といった言葉に共通の語根が見られる。そのため、インド・ヨーロッパ祖語を話す人々がウマになじみがあり、ウマを家畜化しておそらく競走させたり、馬車を引かせたり、その乳をアルコール飲料にしていたと考えても、あながち間違いではあるまい。

ステップから来た黙示録の騎手たち

インド・ヨーロッパ語族の起源がステップの騎馬民族にあるという理論は、それほど新しいものではない。リトアニア出身だが研究生活の大半をロサンゼルスのカリフォルニア大学で送った考古学者マリヤ・ギンブタスが一九五〇年代末から学問の世界とメディアでこの説を唱え、大成功を収めると、この理論は再び注目を集めるようになった。その後、この理論にいくつか修正が加えられ、とりわけ著名な考古学者デイヴィッド・W・アンソニーの著書『馬・車輪・言語』［東郷えりか訳、筑摩書房、二〇一八］は二〇一〇年にアメリカ考古学協会賞に輝いた。詳細には立ち入らないが、ギンブタスとアンソニーは実際、ヤムナヤ文化（竪穴《たてあな》墓文化）の遺物と埋葬祭祀の痕跡にインド・ヨーロッパ祖語のルーツがあると見ていた。ヤムナヤ文化を発展させた人々は、総じて、膝を立てた姿勢や横向きに寝かせる形で死者を埋葬していた。死者の頭部には黄土（オークル）がかけられていた。埋葬穴は円形か長方形で、その上に土や石がこんもりと盛られ、まさしく墳丘を形成していた。そのような大型の墳墓をクルガンといい、ギンブタスは自らの理論をクルガン仮説と呼んでいた。つまり彼女によれば、クルガンをつくった人々は前四千年紀末から前三千年紀半ばにかけてポントス・ステップに暮らした遊牧民だった。彼らは根っからの征服者で、他民族を武力で支配することにより、ウマを使って領土を拡大した最初の民族になった。ギンブタスは、クルガン文化がステップの発祥地からヨーロッパ中心部まで拡大した時間的、地理的段階を示す地図まで作成していた。その民族はヨーロッパ中心部に戦争をもたらし、不平等な社会を出現させただけでなく、父権的モデルを広めた。このように、数度にわたるクルガンの民の来襲が世の終わりのような恐怖をまき散らしながら、われわれの平等な旧世界を根底から変えていった。さらにヨーロッパでは、この変化は考古学的に目に見える形をとり、縄目文《なわめもん》土器文化のように、新たな物質的痕跡を残した。この文化は前三千年紀前半に、ロシアからドイツ、フランス北西部にいたる北ヨーロッパで発展をとげた。その特徴に、死者を墳墓に葬る新たな埋葬方式、磨製石斧《せきふ》、粘土が乾く前に縄を押しつけて文様をつける縄目文土器がある。

このような仮説はギンブタス以前から存在した。一九三〇年代から一九四〇年代にかけて、たとえばナチのイデオロギーの信奉者たちは、支配者たる原民族《ウルフォルク》を熱心に探し求めていた。かつてほかの民族を支配し、自らの言語を広めた民族に、ドイツの優越性の根拠を見出そうとしたのである（言うまでもなくドイツもインド・ヨーロッパ語族のゲルマン語派に属している)。原民族は言語でつながった人々を指すにすぎないが、彼らにとってはエスニック・グループ〔言語・文化を共有する人々の集団としての民族〕——言い換えれば人種——と同義であり、当然ながら彼らの高貴な祖先の属するグループであった。民族《フォルク》〔政治的・歴史的統一体としての民族〕の概念が統一された中央集権的な政治的実体がなくても成立し、同一の起源を持つ人々、すなわち同一のエスニシティに属する同じような人々をひとまとめにするものでは必ずしもないことを、彼らはたちまち忘れていった。彼らはまた、ほかの人々と同様に、考古学の遺物が一致したからといって同じ民族とは限らないことを忘れていた。私たちのなかで、ほかの大陸で発明された文物を持たない者がいるだろうか? 極右とは対極にあるニューエイジ・ムーブメントのただ中にあった一九七〇年代のカリフォルニアで、ギンブタスの理論は熱狂を巻き起こした。だが、ムーブメントを支えていた過激なフェミニズムが賛同したのは、災いをもたらす騎馬戦士の伝説的な姿というより、父権的支配を批判した部分だった。

遺伝子をたどり、それを持つ人々と彼らが話す言語を見つける

その後、言語学や考古学ではない学問がこの問題に首を突っ込むようになった。たまにはそれもいいだろう。ここで私たちに興味があるのは、またしても遺伝学に関することだ。というのも、言語を話すのは人間だからである。言語学者たちが言語の系統樹をさかのぼるように、遺伝学者は遺伝子の系統樹をさかのぼることができる。要するに遺伝子の系統樹と言語の系統樹を突き合わせるのである。遺伝子のなかから、その時代にヨーロッパの住民の遺伝的風景を塗り替えた古代人の拡散の痕跡を見つけること。それが基本的な考え方であった。

かくして一九九〇年代、遺伝学者のルイージ・カヴァッリ・スフォルツァがクルガン仮説の急先鋒のひとりになった。ヨーロッパの遺伝的変異の地図が、クルガンの民の度重なる襲来を記述するためにギンブタスが用いた地図と驚くほど似ていることに気づいたのである。たまたま一致したというにはあまりにできすぎており、それらの遺伝子は、ステップ出自の人々が大挙してヨーロッパに侵入し、大陸の遺伝子地図を根底から描き替えたという理論にお墨付きを与えているように見えた。その結果が、まさに現在の住民の遺伝的変異の分布に現われているように思えたのだ。それから二〇年たち、遺伝学者がとてつもない威力を持つ塩基配列決定のツールを使ってヨーロッパに暮らしている人々、現在だけでなく過去に生きていた人々の遺伝子地図を描くようになると、この理論はさらに強化されたように見える。問題となるのは縄目文土器文化、とくにヤムナヤ文化の時代である。私たちが同種の地図を描くのに用いたのも、この同じツールである。こちらは人間の考古遺物ではなく、ウマの遺物から取り出した遺伝子の地図だが。こうした地図をつくれば、人間やウマの移動を再現し、クルガン仮説の中心をなす予想を確かめることができる。すなわち、いまから五〇〇〇年ほど前に人間の集団がポントス・ステップの原郷を離れ、ヨーロッパに進出したということである。まず、人間の移動地図が二〇一五年に登場した。ウマの移動地図はそれより数年遅れて二〇二一年に完成した。それではまず、人間の側面のみで歴史を見たらこうなると思われる筋書きをたどってみよう。

約五〇〇〇年前、人間の移動がヨーロッパの遺伝子地図を描き替えた

それらの研究が示すところによれば、ヨーロッパの人間集団は、八〇〇〇年前から七〇〇〇年前以降にアナトリア出身の農耕民や牧畜民がやって来たのち、大きく組み替えられた。アナトリアの農耕民や

牧畜民は津波のように一気に押し寄せたわけではない。平均の移動速度は年に二キロ程度と思われるからだ。新たにやって来た人々は地元民と交じりながら、ヨーロッパの住民の遺伝的風景を少しずつ変えていった。とはいえ、新石器時代末頃——数値は場所によって異なるが——、ヨーロッパに居住する人々の遺伝的系統の三分の一が地元民の祖先から受け継がれたものであり、残りの三分の二が新石器時代にアナトリアから移住した人々に由来していた。

こうした状況は、考古学者がいわゆる縄目文文化が出現したと見ている時期に、再び変化した。たとえば、四七〇〇年前にドイツで埋葬された人間の遺物から取り出されたゲノムを解読したところ、上記のように新石器時代末にふたつの遺伝的系統が三分の一と三分の二の割合で存在したのとは異なり、三つ目の系統が認められた。しかも単なる痕跡ではない。この三つ目の系統は実際、ゲノムの四分の三近くにのぼっているのである。それ以前の別の集団を調べてみると、この遺伝子構成は純粋な状態で存在しており、その起源を特定できた。それはほかでもない、ポントス・ステップのクルガン・ヤムナヤ文化において埋葬された人間の遺物であった。話はつながったようだ。言語学者たちがあれほど探し求めていたインド・ヨーロッパ祖語を話していた人々が、ついに突き止められたようなのである。二〇一五年にそれらの研究結果を報告した二編の論文のうち一編の著者であるウォルフガング・ハークは、その論文に以下のようなタイトルをつけている。「ステップからの大量移民がヨーロッパにインド・ヨーロッパ語族を出現させた」。私自身、第二の論文のもとになった研究チームに所属していたが、こちらのタイトルもかなり大胆である。「青銅器時代のユーラシアに居住していた人々のゲノミクス」。というのも、私たちの研究はヨーロッパに限られるものではなく、ほぼ同時期にアジア側で起こった物質的文化の変化にも関心があったからだ。私たちは、ポントス・ステップの住民と、アルタイ山脈の麓《ふもと》の住民とのあいだに直接、遺伝的つながりのあることを突き止めていた。ヤムナヤ文化の人々は約五〇〇〇年前に故郷のステップを出て、西（ヨーロッパ）と東（アジア）へ数千キロにわたり移動したと思われ、その点に関してふたつの論文の見解は一致していた。長旅の移動にウマが役立ったというのは、おおいにあり得ることである。

以下の研究も、クルガン仮説の別の側面を裏づけているように思われる。新たな遺伝子調査によると、移動したのは若い女性より若い男性のほうが多かった。言い換えれば、移住するのはもっぱら男性のようなのである。さらに、かつてヨーロッパ全体に多様なY染色体が広がっていた地図が、新石器時代末に根底から変わり、ステップ由来のタイプが優勢になった。そこからギンブタスの騎馬戦士の到来まで、あと一歩である。しかも、青銅器時代にさかのぼる複数の墳墓の類縁関係を分析したところ、父系でつながっていたことが明らかになった。それらの墓に埋葬されていた人々は、母親ではなく父親でつながっていたのである。女性は自分のコミュニティを出てパートナーのコミュニティに加わる。そのコミュニティで生涯を終え、彼女の息子も同様である。そこには、ギンブタスにおなじみの父権制モデルの特徴が見られる。さらに、ステップから新たに来た人々のゲノムを調べると、その頃ヨーロッパに居住していた人々より体が大きかったことがわかった。こちらでは、体の大きさを部分的に決定する変異が、いくつも組み合わさった形で見つかることが多いのである。男性優位だったことは、彼らがウマを使って成功を収め、支配を広げた理由のひとつだろうか？　つまり、これで言語学の論争に決着がつき、クルガン・モデルの勝利を受け入れなければならないのだろうか？

ウマ、クルガン仮説の弱点

私はそう考えない。その理由は結局のところ、非常にシンプルである。ステップの戦士がウマを使って戦い、同じくウマを使って地理的に拡散したなら、ウマ集団の遺伝子地図も、人間のそれとともに変化したはずである。ところが、ウォルフガング・ハークが二〇一五年から作成していた地図では、異論の余地なく、人間集団の遺伝子構成は四七〇〇年前にすでに大きく変わっていた。ウマの遺伝子地図が一変したのは、私たちの研究が二〇二一年に示したように、それから五〇〇年もあとのことである。それをはっきり示す証拠もある。四七〇〇年前の人間が縄目文土器とともに埋葬されていたドイツの考古遺跡で見つかったウマの遺物のゲノムの特徴は、ステップのウマのゲノムとはまったく異なり、ヨーロッパの在来種に直接つながるものだった。つまり、以下の明白な事実を認めなければならない。ヨーロッパにおける人間の大変動はウマと同時に起きたわけではない。つまり、ヤムナヤ文化の担い手たちはウマに乗ってやって来たわけではない。ギンブタスが彼らを騎馬民族としたのは、少々勇み足だったのである。実際、彼らはたしかに牧畜民だったが、ウマよりもむしろウシやヒツジを飼育していた。彼らが乗っていたのは、ウマに引かせる軽い車輪の二輪馬車（戦車）ではなく、スポークのない重い車輪の大型馬車で、ウシの力でなければ引くことができなかった。侵略者の戦士たちが征服戦争の道具であるウマを持たないなら、ステップから人々が移動した状況をどう考えたらよいのだろうか。結局のところその移動は、二〇一五年の論文に書かれていたほど大規模で急激なものだったのか。それは本当に、ギンブタスの理論体系の中心をなすと思われる戦いをともなっていたのか。こんにちでは、そうではなかったと考えられる。

実際にコンピュータのシミュレーションで、どの程度のスピードで移動すれば遺伝子地図が大きく描き替えられるのか推定してみた。これはかなり精巧なシミュレーションで、世界の実際の統計モデルを合体させるものだ。それらの統計モデルでは、一〇〇キロメートルごとに分析ポイントのある格子に沿って、利用可能な資源を生態パラメータでモデル化する。基礎集団は世代を経るにつれて少しずつ移動する、つまり格子のポイントから周辺のポイントに移動するだけでなく、より長距離の移動も行う。前者については徒歩、後者についてはウマによる移動である。こうしたモデルにより、考えられる移住の形態を様々な数値で推定することが可能になる。

もちろん、正確な数値はいまのところ不明だが、パラメータの数値全体として世界がどうなるかコンピュータでシミュレーションすれば、考古学で見つかった人間集団の遺伝子地図を復元できる数値がわかるかもしれない。専門用語で近似ベイズ計算と呼ぶこのアプローチにより、時間的・地理的に大規模な過去の人々の移動を知るために必然的に複雑になる理論モデルのなかから、統計的に最も可能性の高いものを見つけることができる。モデルは口で言うより実際につくるほうが難しいが――高性能のコンピュータでもモデルづくりに数週間かかることがある――、そこから最も重要な情報を取り出さなければならない。それは、ウマゲノムのデータに関する私たちの解釈を裏づける情報である。

これまでのところ最も可能性の高いモデルは、実際、大規模な移動のあったことを実質的に示すものではなく、人間の集団が年平均四キロ進むと推定している。したがって、移住者の波は新石器時代の農耕民よりたしかに速いが、これまで考えられていたほど急速ではなかった。さらに、最も条件のよいモデルでは、天然資源へのアクセスをめぐって移住者のグループと地元民との争いは起きない。大きな変化が起きた理由として戦争は排除されるようである。実際、これらのモデルでは、両者――新たにやって来た人々と地元民――ともに人口が減少し、混血が起こったのち、人口が飛躍的に増加している。したがって、地域の複雑さをやや簡略化して示した考古学の地図には用心しなければならない。オスロ大学考古学研究所のマルティン・フルホルトのような考古学者は、二〇一五年に発表された論文を高く評価しながらもあくまで冷静に、自然と文化、言い換えれば民族と言語や土器のタイプが必ず一致するわけではないと指摘している。ヤムナヤ文化の人々、つまり縄目文土器文化の人々を遺伝的にも文化的にも同質の集団とするのは、物事を単純化しすぎる。完全に入れ替わったと結論づける前に、地域の構成をつねに考慮する必要がある。

歴史の皮肉だろうか。二〇一九年一〇月に私がキスロボーツクの考古博物館に衣替えした旧ソ連時代のコルホーズを訪れたとき、ウォルフガング・ハーク当人が同行していた。博物館の倉庫には、半ば大穴のあいた軍用トラックのかたわらに、その地方で発見された何百という人骨や動物の骨が収蔵されていた。ウマの遺物もいくつか保管されており、私たちの分析で、現在の家畜ウマの祖先に最も近いことが明らかになっている。それらのウマがステップを離れたのは四二〇〇年前であり、それより五〇〇年早い四七〇〇年前ではない。ステップのマイコープと呼ばれる文化集団とつながりのあるエグルスキ2遺跡のウマもそこにあった。エグルスキ2に近いソスノフカのウマのように、ポルタフカ文化という別の文化に帰属されていたウマもあった。ソスノフカのウマは結局、いわゆるレーピン文化集団に属していたが、レーピン文化をヤムナヤ文化から派生したものと見る学者もいる。このように、現代のウマが生まれた地理的範囲を限定できるとしても、私たちの研究が示したように、家畜ウマを生み出したのは、ただひとつの文化に属する同一の民族ではないのである。

インド・イラン語派の拡散——戦車とウマの歴史

ステップからヨーロッパへ人が大挙して押し寄せたことから、ヨーロッパ大陸にインド・ヨーロッパ語族の種がまかれたが、それはおそらくあらゆる予想、いずれにせよクルガン仮説の予想に反して、ウマつまり乗馬にも騎馬の民にも関係がなかった。アジア側への移動、とくにインド・イラン語派の伝播についても同じことが言えるだろうか？　必ずしもそうとは言えない。私たちの研究から得られたもうひとつの大きな教訓は、同じ現象——同じ語族の伝播——でも、その地域一帯の歴史と地理によって、必ずしも同じ法則に従うわけではないことである。というのも、私たちが描いた遺伝子地図によれば、家畜ウマＤＯＭ２の拡散は別の物質文化に関連した考古遺跡の範囲と切り離すことができないからである。その文化はシンタシュタという名で呼ばれている。

実際、シンタシュタ文化につながる人々が見つかったのは、四一〇〇年前から三八〇〇年前の墳墓である。それらの墳墓の大きな特徴は、最初の本格的な戦車（二輪馬車）が見つかることである。戦車にはスポークのある車輪がついており、ウマに引かせるのに適した大きさの乗り物であった。さらに、戦車だけでなく、それを引かせる二頭のウマも一緒に葬られた墓もあった。それは歴史に大きな変化が起きたしるしである。このとき、戦車を介してウマが重要な意味を持つようになり、人間の移動地図が大きく描き替えられた。なぜなら、ヒトゲノムの地図によると、ちょうど同じ時期に、新たな人間の集団がポントス・ステップを離れ、中央アジアを横断してその向こう側へ移動したからである。要するに東側では、人間とウマの移動は時間的・地理的にほぼ一致している。これは、私たちがヨーロッパで見つけたことと反対である。東側では、人間の集団がウマを家畜化することで、エンジンを手に入れた。スポークつきの車輪を発明し、自分たちの乗り物を改良した。それまで乗り物を引くことができたのはウシだけだったが、乗り物を軽くして、ウマでも引けるようにした。ひとつは生物学的、もうひとつは技術的なふたつの発明を結びつけることで、人間は大移動を行うエネルギーを手に入れ、様々な影響を及ぼした。混血により、在来の人間集団の遺伝子構成を変えていった。新たな言語の基礎をもたらし、そこから五〇〇以上のインド・イラン諸語が生まれ、それらはいまも世界のこの地域で話されている。そのもとになったのがインド・イラン祖語である。

ウマに関しても、この大拡散は様々な影響をもたらした。当時の牧畜民はウマの繁殖をコントロールし、ウマの個体数をそれまでになく増やしていった。しかしながら、人間の移動で起きたこととは異なり、このニュータイプのウマは途中で出会ったウマ――すなわち野生馬の集団――と混血しなかった。ウマはつねに、この同じ系統から再生産され、結果的にではあるが、プルジェワリスキーウマを除くほとんどすべての集団と置き換わった。ウマと二輪馬車という新たな移動手段の追求が、私たちがＤＯＭ2と呼ぶウマ、現代の家畜ウマの直接の祖先であるウマが成功を収めた鍵になる要素になったことは疑いない。

だが、いまのところ、それがウマを家畜化した唯一の理由かどうかは定かでない。たとえば、ウマの乳が人の食料になってからウマが拡散したという説もある。実際、四六〇〇年以上前のものと見られる北カフカスの二か所の遺跡で見つかった人の歯に残された歯石《しせき》に、馬乳に特徴的なタンパク質の残滓《ざんし》が含まれていたようなのである。だが、近年の研究でも、この種の痕跡を再び見つけることはできずにいる。ＤＯＭ2が拡散して一〇〇〇年以上のあいだ、この地域から消えてしまったようなのだ。この地域の人間集団がウマの乳ではなく、ウシやヒツジ、ヤギの乳を入手していたことはほぼ間違いない。乳でなければ、二輪馬車のモーター以外にウマに求めるものがあるだろうか。あったと答えるのが妥当のように思われる。実際、人間がウマに乗れるようになると、ウマは単なる動力源――モーター――ではなく、乗り物――直接騎乗する――にもなった可能性がある。私たちが見つけた初期のＤＯＭ2ウマのなかに、チェコ、モルドヴァ、アナトリアの遺跡から出土したウマがいる。炭素14年代測定により、それらは四二〇〇年前から四〇〇〇年前のものと判明している。ところがその時期に、以上の地域では戦車はまだ知られていなかった。だがメソポタミアの図像資料、より正確にはイラクで見つかった先カッシート時代の印章には、ウマに乗った男が描かれている。その時代を正確に特定するのは難しいが、およそ四〇〇〇年前ということで専門家の意見は一致している。したがって、スポークつきの車輪や戦車が登場する以前、DOM2が選抜された初期からウマが使われていたのは明らかである。単に騎乗していたということだ。

家畜化は気候変動に対応するためか？

あまりに単純な答えであり、ウマを家畜化して騎乗するのにどうしてそれほど時間がかかったのかと思うかもしれない。ほかの草食動物が何千年も前から家畜化されていたのに、どうしてウマは四二〇〇年前なのか。安易な直観は控えよう。すでに何度も見たように、物事を性急に単純化すると道を誤りかねない。だが、四二〇〇年前というのは並の年代ではなく、場所によって環境に大きな影響を与えたと思われる重要な気候イベントと結びついている。私が四・二Kイベントという言葉を初めて知ったのは、権威ある科学雑誌「サイエンス」の論文だった。Kはkilo-year、一〇〇〇年を意味しており、四・二Kは四二〇〇年ということである（ここではBP＝before present、現在から何年前。取り決めにより一九五〇年を基点とする）。その論文は、メソポタミアのアッカド帝国の滅亡とその地域を繰り返し襲った干魃《かんばつ》に時間的なつながりがあるとするものだった。その後、古気候学の研究により、同様の出来事がメソポタミア以外でも起きていたことが明らかになった。ナイル川の水位が低下し、エジプト古王国の崩壊が早まったという説。また、インダス川流域に栄えた文明が突然崩壊したという説もある。これはただひとつのイベントではなく、実際には小規模な災害が各地で散発的に起きており、そのため実際より重大でグローバルなものに見えるのだという説をめぐって、専門家たちの議論が続いている。だが、この年代にメソポタミアや地中海地域、少なくとも中近東の一部を干魃の波が襲ったことは間違いない。

それらの干魃は北カフカスのステップにどのような影響を及ぼしただろうか？ 私の知るかぎり、よくわからない。だが、その環境からもはや十分な資源が得られなければ人は生きていけないことは、想像に難くない。人々はそこを離れるしかなくなり、それがあのような移動になって、ウマはそこに新たな役割を見出したのではないか。ウマがいたから故郷を離れ、干魃や過酷な生活とは無縁に思える土地を目指して移動することが可能になったに違いない。

当然ながら、この時代以降、ウマの力が戦車以外の技術革新の力と結びつくことにより、ウマは諸民族の歴史的歩みに多大な影響を及ぼすようになる。たとえば、ウマつまり乗馬と弓兵が結びつくことで、歴史にどれほど大きなインパクトがあったか、こんにちではより理解できるようになった。それはピーター・ターチンの研究のおかげである。彼が近年発表した論文のひとつのタイトル、「戦争マシンの出現」はセンセーションを巻き起こした。ターチンによれば、この出来事が起きると、農業の上に成り立っていた当時の定住社会は強い衝撃を受けた。それは前千年紀初頭、いまからおよそ三〇〇〇年前のことだ。それらの社会は生き延びるために、新しいタイプの防護手段、とくに金属製の鏃《やじり》が貫通するのを防ぐことができる甲冑を開発した。弩《おおゆみ》のような新しい武器を発明し、兵力を増強して歩兵隊を中心にした新しいタイプの軍事組織を発展させた。いずれにせよ多くの場合、複数の人間で防護するほうが、たったひとりで身を守るより有効である。要するに、騎馬の弓兵の出現は軍拡競争の始まりとなり、そのためには、より複雑な行政システムを備える必要があった。そのようなシステムがあれば、拡大の一途をたどる軍隊のために人を集め、コントロールするのが容易になる。

ピーター・ターチンのように、人々の一体感を高めるような新たなイデオロギーが出現した理由のひとつをそこに見る者もいる。集団に一体感があれば、同じ大義の名のもとに、ひとりの人間のようにまとまって行動する集団になる。そのなかに、大きな一神教が姿を現わす。見方によっては、これは大規模なバタフライ効果になる。一見して取るに足らない小さな事柄、つまり金属製の馬銜《はみ》や手綱の発明、馬を制御する新たな方法が、やがて騎馬の弓兵を出現させ、ひるがえって別の武器、別の防護手段を生み、軍隊はさらに大きく、高度なものとなる……。終わりのない軍拡競争である。しかし歴史はその歩みを止めず、はるかのちに鐙《あぶみ》――西暦初期にまず皮製のものが登場し、四世紀に金属製になる――のような、騎乗を容易にする別の手段が発明され、さらに新たな戦闘手段が出現する。大型の軍馬に乗った重装備の騎兵同士の戦いは、新たな死のスパイラルを生み出していった。

第5章　ウマ以前のウマ

先史時代のただなかへ

その一〇月の午後はいつもとまったく違っていた。空にはどんよりと雲がたれこめ、すでに一一月のようだった。それから一時間にわたり、フランス南西部なまりの強いガイドが、私たちが見学する洞窟とその発見の歴史について語ることになっていた。私は子どもたちと妻をともなっていた。博物館奥の階段を少し下って扉をくぐり、ネオンのきらめく世界を離れて何千年も前の世界へ降りていく。そこは文字どおり先史時代のただなか。ケルシー地方の一角にある数え切れない丘のひとつの地下だった。この地方で話されている言葉でいうペシュ、つまりペシュメルル洞窟である。洞窟の見学は簡素な第一ギャラリーから始まる。地下一〇メートルでもずいぶん深くまで来た感じがしたが、これから何が起きるのかまったく予想がつかない。私たちの前にいきなり、ひっかき傷が現われた。ホラアナグマが永遠に姿を消す前に岩に残していったものだ。幻想的なマンモスのシルエットは、世界の歴史が文字で書かれるようになるはるか以前に人間が描いたものである。次は成人男性の足跡。おそらく二万五〇〇〇年前に、粘土を踏みしめた跡である。彼はそこで何をしていたのだろう？　ひとりだったのか、それとも誰かが一緒だったのか？　何を考えていたのだろう？　彼は私たちのことをまったく知らないが、彼の足跡と私たちの足跡を隔てるのは時間だけのように思えた。

そんな物思いにふけっていたとき、ようやく、探していたものが現われた。このために、私たちはここまでやって来たのだ。斑毛《ぶちげ》のウマの壁画である。高さ一・五メートルほど、幅三メートルほどの大きな岩のブロックに、黒っぽい斑紋のある白毛のウマが二頭、横向きに描かれている。白状するが、そのウマがこれほど大きいとは思っていなかった。写真で何百回も見ていたが、初めて見たかのように、その前で立ち尽くした。距離はほんの一メートルほど。いまでもはっきり思い出す。右のウマの頭が岩に彫られたのではなく、岩からじかに浮き出ているように見えるのに驚いた。芸術家は賢明にも、ウマの形を思わせる岩を選んで作品を描いていた。斑紋のある毛色はアメリカの西部劇から抜け出てきたようだ。アメリカ先住民が乗っていたアパルーサ、あるいはデンマークのクナーブストラップを彷彿とさせる毛色である。クナーブストラップの斑紋はイヌのダルメシアンに少し似ている。だが、この壁画を通して何が見えるだろうか？　ある種、当時生きていたウマの写真のようなもの、芸術家が描いたときの姿と同じものだろうか？　それとも純粋につくられたもの、芸術家の想像力の産物だろうか？　結局のところ、先史時代の芸術家を博物画家と見るべきだろうか、それともシュールレアリストの先駆けと見るべきだろうか？　あるいは、もっと別のメッセージを読み取らなければならないのだろうか？

先史美術における動物とウマの位置づけ

先史学者たちは長いあいだ、民族学の手法を使って、つまり先史時代の表現から読み取れるものや洞窟に描かれた様式のなかに、そうした疑問に対する答えの手がかりを探してきた。そして彼らはまだ探し続けている。たとえば、現存する数少ない狩猟採集民の芸術品の制作風景や意味を観察することで、石器時代に存在したかもしれない論理を探ろうとした。また、構造主義の原理を適用し、洞窟内の芸術作品の位置や、作品それぞれの統計的分布を分析しようとした。それによって隠れた規則が明らかになり、私たちの祖先の信仰や世界観の一端を理解する手がかりが得られると期待したのである。たとえばアンドレ・ルロワ＝グーランは、単純な組み合わせや対立といった繰り返し現われる様式を発見したとき、そうした謎のひとつを解明したと信じた。フランスの壁画でバイソンとウマの組み合わせがよく描かれるのは、女性原理と男性原理の表現とみなされた。だが、それと同じ体系づけからまったく逆の解釈を引き出した学者もいた。また、ジャン・クロットのような学者は、人間ではなく動物が描かれている点に注目し、シャーマニズムの観点から解釈した。彼によると、このような芸術作品はむしろ、シャーマンが旅をして霊の世界とつながり、その助力を得るために必要となる動物を表わしているという。だから、描かれた動物はつねに壁面から浮かび上がってくるように見える。地面を踏みしめ、風景にはりついたように描かれていないのは当然である。このような図像は、シャーマンがあの世に旅立つトランス状態で見ている幻覚をもとに描かれているのであり、したがって、重力の法則に縛られた現実世界から解放されているのである。このように、私たちは大発見時代以降、自由な表現、芸術のための芸術を追求してきたにもかかわらず、いまでも芸術作品について様々な解釈があり、数千年の時を経てこんにちまで残ったそれら魅力的な図像の深い意味を求めて暗中模索している。

近年では遺伝学が、そうした論争に加わるようになり、かたや自然、かたや文化・芸術といった、まったく対立しているように見えるふたつの世界の橋渡しをしようとしている。自然の世界とは生物学的に決まっている世界、つまり遺伝の偶然によって生まれながらに与えられているものであるのに対し、文化・芸術の世界は後天的に獲得されたもの、人生において蓄積され、場合によっては非生物学的な方法で伝えられる経験の産物である。こうした意外な結びつきのなかで、ペシュメルルの斑紋のあるウマは中心的な位置を占めている。およそ二万五〇〇〇年前のグラヴェット文化期にアパルーサの毛色のウマが存在していた可能性があるなら、洞窟壁画の理解が変わるかもしれないからである。もしそうであるなら、この洞窟壁画は具象的な側面を持つことになる。魔術や呪術に関連するという解釈を完全に切り捨てる必要はないが、そうした解釈はこの現象を説明する鍵ではなくなり、副次的なものにとどまる可能性がある。いやおそらくそうなるだろう。まさしく、カリフォルニア大学デーヴィス校のレベッカ・ベローネの研究により、アパルーサ種のウマがときおり斑紋のある毛色で生まれてくる生物学的メカニズムがわかってきたのである。

アパルーサの毛色

それが起きるのはたったひとつの染色体、一番染色体――より正確にはTRPM1と呼ばれる遺伝子のレベル――である。この遺伝子は、同じくTRPM1と呼ぶタンパク質の産生を制御している。このタンパク質はおもに、皮膚の色素がつくられる細胞、メラノサイトにカルシウムを運ぶ役目を果たしている。これは網膜の一部の細胞――いわゆる双極性の細胞で桿状体という別の細胞と協働する――にも関与している。桿状体には感光性があり、それによって私たちは、薄暗いところでも物を見ることができる。レベッカの研究により、TRPM1遺伝子が現生のウマに複数のヴァージョンで存在することがわかった。一部のウマで、この遺伝子の特定の場所にＤＮＡ断片の挿入が見られるのである。そうしたウマの共通点は、その毛色に、少なくとも部分的に斑紋があることだ。挿入された遺伝子の有意なサイズ（一三七八文字）と性質（内在性レトロウイルス）からいって、その生物学的影響は小さくない。細胞レベルでは、ＴＲＰＭ１遺伝子の通常の発現（ここでは遺伝情報とタンパク質産生の仲立ちをするメッセンジャーＲＮＡの生成を意味する）に直接影響を及ぼす。このＤＮＡ断片の挿入は遺伝子の発現を容易にするよりむしろ、遺伝子を転写するときにつくられるメッセンジャーＲＮＡの安定性を低下させるほうに働く。そのため結果的に、関連する細胞におけるタンパク質の産生が欠乏する。言い換えれば、この遺伝子の変異により、メラノサイトと双極性細胞のなかでＴＲＰＭ１タンパク質が産生されなくなる。その結果、一三七八文字の挿入のあるウマではＴＲＰＭ１遺伝子が不活性となり、通常であればその遺伝子がコードしているタンパク質がつくられず、その機能を果たすことができない。ある複雑なプロセスによって体の特定の場所にメラノサイトが集積し（メラニン形成過多症という）、あの斑紋のある毛色となる。

だがその影響は美的な面にとどまらない。挿入のある遺伝子のヴァージョンを父と母の双方から受け継いだウマは、獣医師が「先天性停止性夜盲症」と呼ぶ疾患に罹るからである。その症状は、暗いところで視力がいちじるしく低下することである。この欠陥もＴＲＰＭ１タンパク質に原因があり、網膜の桿状体と双極性細胞が感知する光の信号の伝達において、その通常の役割を果たせなくなる。光の情報が網膜に届かなくなり、像が投影されないので、脳にも伝達されない。そのため、とくに暗いところで物が見えづらくなる。アパルーサ種とクナーブストラップ種のウマはその特徴である斑紋のある毛色になるとともに、視力が低下する。

先史美術でもそうだったのか？

以上は完全に生物学の話だが、美術にも反映されている。斑紋の原因となる遺伝子挿入が、マドレーヌ文化に関連する美術が発展したおよそ一万年前に生きていたウマに見つかるからである。マドレーヌ文化はニオー洞窟やリュフィニャック洞窟の素晴らしい壁画を生み、フランス南西部に定着する。要するに、斑紋のあるウマがその時代にすでに存在したことは疑いない。それより一万年以上前のグラヴェット文化期でもそうだったのだろうか？　大いにあり得ることである。なぜなら、ＴＲＰＭ1遺伝子に悪影響を与え、挿入部分とペアになった別の遺伝子の突然変異が、ドイツの洞窟から出土したマドレーヌ文化期のウマだけでなく、同じ時期のフランス南西部のウマにも見られるからである。つまり、フランス南西部の壁画は孤立したケースではない。ところで、これに関連した遺構にイギュ・ド・グラール遺跡がある。これは天然の竪坑で、誤って落ちた動物の遺骸がたくさん見つかる。この遺跡があるロート県カブルレ村は、ペシュメルル洞窟のすぐ近くである。遺伝子に変異のあるウマの年代から、一万八〇〇〇年前から一万六〇〇〇年前に斑紋のあるウマがこの地域に存在していたことがわかる。要するに、壁画が描かれた時代の数千年前にも存在したと考えるのが自然である。なにしろ、もっと古いウマ、シベリアのウマにも同じ突然変異が見つかるのである。

とはいえ、壁画が具象の論理のみに対応していると結論を下すことはできない。超自然で抽象的な壁画の事例もある。だがいまや、壁画のいくつかの側面を具象的に解釈する試みを一概に否定することはできないように思える。たとえば、自然と芸術作品のいずれにおいても斑紋のあるウマが存在することから、後者を単に空想の産物とする論拠は成り立たなくなる。さらに、私たちが分析したグラールの六頭のウマのうち一頭のみに問題の変異があり、したがって斑紋があったことは、注目に値する。芸術家がどちらかといえばまれな性質のウマを選択したことは、おそらく取るに足らない事柄ではない。芸術家が描いたのがこれと同じ性質であれ、別の性質であれ、こうした選り好みがほかでも認められたなら、なおさらである。それは、構造主義的アプローチがこれまで見落としてきた別の体系づけを示しているように思われる。そして今度はそうした体系づけが、先史時代の人々の精神においてウマが実際に意味していたこと、彼らがそれを通じて、また彼らの芸術全般を通じて表現しようとしたことを明らかにするかもしれない。西ヨーロッパの壁画においてウマが最も頻繁に描かれる動物であることを考えれば、ウマはこの研究プログラムで中心的な位置を占めることになる。さらにそのプログラムを拡大すれば、芸術とは別の先史時代の行動を理解できるかもしれない。

狩猟術

たとえば狩りについて考えてみよう。ウマはかつて、最も狩られた動物種のひとつだった。ウマの骨はトナカイの骨とともに、エティオール遺跡のようなパリ盆地のマドレーヌ文化期の遺跡でとくに目につく出土品である。CNRS（国立科学研究センター）とパリ・ナンテール大学の研究者オリヴィエ・ビニョンはエティオール遺跡を念入りに調べ、特定の場所にウマの骨が集積することになった状況を探ろうとした。骨は、肉食の行動を示す特徴的なしるしではないが、そうした集積が人間の活動に関係することは、容易に想像できる。さらに歯のサイズと摩耗痕から、少なくとも三頭のウマであることがわかった。一頭目は少なくとも九歳になっており、二頭目はそれより若い五歳、三頭目は子ウマである。それは、マドレーヌ文化の人々がやみくもに狩るのではなく、ひとつのウマの家族に狙いを定め、集団で狩りを行うという、実に機能的な戦略をとっていたことを示しているように見える。ウマの家族は一頭の母親と、二頭の子どもから成っていたに違いない。というのも、野生のウマはきわめて社会的な動物で、複数の雌ウマとその子どもから成る群れで暮らし、総じて一頭の雄ウマに守られていた。若い雄つまり「独身雄」だけは四歳か五歳になると群れを離れ、単独で生活する。それはしばしば数年におよび、年老いた「リーダー雄」を倒してトップの座につくまで続く。ついでに述べると、慣用に従ってリーダー雄という言葉を使ったが、これは誤りで、雌に対して公正ではない。群れの残りのウマに対して力を行使するのが雌であるというのは、珍しいことではないのである。それでも、ひとつの家族を狩りのターゲットにしたのは意味があるし、もっと詳しく調査する価値がある。

そのためには、またもや遺伝学が貴重な助けになる。遺伝学によって個体の性別を特定できるだけでなく――X染色体とY染色体を調べればよい――、類縁関係を明らかにして個体同士を結びつけることができるからである。それは誰もが納得できるものだ。最もなじみのある遺伝子検査は、親子関係を立証したり、個人が特定の家系に属しているか確かめたりするDNA鑑定ではないだろうか。遺伝学の結論はオリヴィエの仮説に反するものではなく、むしろそれを裏づけるものだった。エティオールの四頭のウマのうち三頭――骨は結局四頭分あったようだ――は雌で、すべて血縁だった。したがってそれは単独行動をとる独身雄ではなく、家族集団である。これは瑣末な事柄ではない。エティオールの多量の骨から重要なことがわかった。家族集団の狩りはまさしくマドレーヌ文化期の狩猟戦術のひとつだった証拠が得られたのである。原理が明らかになれば、あとは、ほかの場所やほかの考古学的背景のもとで繰り返し調査を行い、それが優先的な戦略なのか、それともマドレーヌ文化期やグラヴェット文化期の人々、別の人類に属する集団がそれとは別の行動をとっていたのか、明らかにすればよい。彼らは季節や場所、保有する武器など状況によって、別のやり方をしていたかもしれない。このプログラムは現在も進行中である。これから数年のうちに正しい答えの手がかりが得られるよう期待したい。

ショーヴェ洞窟に描かれたウマはプルジェワリスキーウマではない

目下のところ、私たちが集めたゲノムのデータによってすでに、先史時代のヨーロッパに生息していた野生馬の性質に関して最も広まっている固定観念のひとつが粉々に打ち砕かれた。その野生馬とは言うまでもなく、現在モンゴルのステップにいるプルジェワリスキーウマ（モウコノウマ）である。一例として、ショーヴェ洞窟のいわゆる「ウマ」の壁画を取り上げよう。これは間違いなく、旧石器時代の芸術の傑作である。そこには横向きに並んだ四頭の馬が描かれている。その首はがっしりとしており、頭部はどちらかといえば縦長で、先が細く強力な咀嚼筋がついているウマの頭部のようには見えない。その姿は、長いあいだ地球上に生息する最後の野生馬とみなされていたプルジェワリスキーウマにそっくりで、取り違えるほどだ。二〇〇〇年代半ばからタヒ［ＴＡＫＨ、モウコノウマのモンゴルでの呼び名］協会がプルジェワリスキーウマ再導入プログラムを実施している西モンゴルのシール保護区でそのウマを写真におさめたとき、私自身そう思ったくらいである。私はウマの糞のサンプルを採取しようとしていた。そのなかにいる微生物と、動物園でずっと飼育されていたウマから見つかる微生物を比較するためである。そして私たちは、両者にかなり根本的な違いのあることを発見した。動物保護プログラムの成功率を上げるには、こうした点も考慮に入れる必要がある。だがそれはまた別の話だ。

ショーヴェ洞窟のウマたちは、三万三〇〇〇年前のアルデシュ川の谷にプルジェワリスキーウマが生息していたかもしれないと思わせるが、ＤＮＡは誤魔化せない。両者に共通する点はほとんどない。その系統は少なく見積もっても五万年前に分かれていたのである。たしかに、ショーヴェ洞窟の堆積物に保存されている骨からウマのゲノムを調べることはまだできない。だが私たちは、エティオールとイギュ・デュ・グラールのウマだけでなく、マルヌ川流域のパンスヴァンやクロゾー洞窟のウマ、イギリス最古の旧石器時代のウマであるケント洞窟のウマ、ショーヴェと同時代になるベルギーのゴエット洞窟のウマについても、ゲノムの塩基配列を決定していた。それらのゲノムはすべて、共通の遺伝的基盤があり、それは遺伝的に近いこと、共通の起源を持つことを示していた。しかし、その遺伝的基盤は、プルジェワリスキーウマとも、その祖先であるボタイウマともほとんど類縁関係がない。つまり、外見とは異なり、ショーヴェのウマとプルジェワリスキーウマはまったくタイプの異なるウマだということだ。

先史時代のウマの意外な多様性

これはショーヴェのウマとプルジェワリスキーウマに限った話ではない。私たちのおもな研究成果のひとつは、家畜化以前、ウマの集団が思いのほか遺伝的に多様であったことが明らかになったことである。二〇一五年にそれぞれ約五〇〇〇年前、一万六〇〇〇年前、四万三〇〇〇年前にシベリアで暮らしていた三頭のウマのゲノムの塩基配列を調べたとき、私たちは、現在シベリアに生息しているウマの祖先が見つかるのではないかと思っていた。当時の私たちの知見では、それは十分に考えられることだった。三頭のウマのうちいちばん古いウマのゲノムの型といちばん新しいウマの型、最後に現在のウマの型のあいだに見られる違いから、家畜化を含めてウマの最近の進化にともなう生物学的変化を特定できると考えたのだ。結果から原因を推論する――いわば進化のあとをたどる――のは、私たちには普通のやり方である。少なくともそれは、私たちが考えていたことだった。だから、三頭のシベリアのウマのいずれも現在同地で暮らしているウマの直接の先祖でないことがわかったとき、私たちはひどく驚いた。それは、いまは姿を消してしまった遠い親戚のようなもの、それまで知られていなかった系統のウマだったのである。三頭のウマの塩基配列を調べてわかったのは、いまから五〇〇〇年前に第三のタイプのウマが存在したということだった。それは、発見された地域の名をとってエクウス・レネンシス、レナ川のウマと呼ばれている。レナ川はバイカル湖に源を発してその地方の中心地であるヤクーツクを流れ、シベリアを北上してラプテフ海に注ぐ大河である。ヒトでいえば、エジプトで最初のピラミッドがつくられた時代に、サピエンスのかたわらでネアンデルタールの系統が生きていたのを発見するようなものだ。それで、私たちは驚いたわけである。

古代ウマのゲノム解読が進むにつれて次々と驚かされることになるのを、私たちはまだ知らなかった。それからほどなくして、第三のタイプについで第四のタイプが見つかった。それは世界の果てではなく、フランスに近い国から現われた。スペインとポルトガルである。年代もそれほど大昔というわけではなく、いちばん新しいもののひとつは前二千年紀初頭、つまりいまから四〇〇〇年前のものだった。レナ川のウマと現代の家畜ウマのゲノムで異なる文字の数は、ふたつの系統が分かれたのが約一三万年前であることを示していた。現在の家畜ウマとイベリアの系統が分岐したのはもっと古く、少なくとも五〇万年前である。要するに私たちは、ヨーロッパに少なくとも二種類の野生馬がいたことを発見したのである。ひとつは、ピレネー山脈の南側で進化したイベリアのウマで、私たちはそのままＩＢＥウマと呼ぶことにした。もうひとつはピレネー山脈の反対側にいたウマ、ペシュメルルやショーヴェ、エティオールのところで述べたウマである。こちらはフランス、ベルギー、イギリスの先史時代のウマに似ているが、プルジェワリスキーウマとはかなり異なる。現在も生きている二種類のウマ——家畜ウマの様々な品種とプルジェワリスキーウマ――に、三つ目のタイプとしてレナ川のウマ、四つ目としてピレネー山脈南側のＩＢＥウマ、さらに五つ目のピレネー山脈北側のウマが加わったことになる。

実際にこのリストは、私たちが調査地域を広げるたびにどんどん長くなった。ユーラシア大陸のレベルでいえば、このようなタイプの分布から、非常に明確な構造的論理が見えてきた。それらはユーラシアの大きな地理的区分とぴったり一致していたのである。すでに述べたように、自然の大きな障壁――山脈のこともあれば（ピレネー山脈やカフカス山脈）内陸海や大きな湖のこともある（黒海やカスピ海）――で区切られた地域がウマ集団の境界線となり、それぞれ独自の系統が生じたように見える。それぞれの地域内で、地理的に隣接する考古遺跡で見つかった二頭のウマは、何キロも離れた遺跡で出土した二頭のウマより遺伝的に近くなる。遺伝学者によく知られたこの現象は地理的隔離と呼ばれている。それが起きるのは、集団間の自然な接触つまり交雑が地理的に大きな規模で生じたというより、少しずつ生じたときである。そうでなければ、複数の集団が広範囲にわたって互いに似ているはずである。要するに地理と自然の障壁が、家畜化以前のウマの世界を支配していた大原則であった。

ウマが人間に評価されたのは長距離を移動できる能力にあったことを考えると、意外な感じがするが、野生馬はどちらかといえば移動を好まず、自然の原産地の周辺にとどまろうとする。だからこそ、世代を経るにつれて様々な集団が独自に進化し、ユーラシアのレベルで驚くほど多様なタイプのウマが出現したのである。だがそのために、私たちがウマの家畜化の発祥地を発見できたのもまた確かである。もし一種類のウマしか存在しなければ、遺伝的な基点も地球規模で同一であり、私たちが古代ウマのゲノムを何千と調べても、区別がつかなかっただろう。要するに、ユーラシアの地理と、長距離を行き来するより近隣で接触するのを好んだウマの自然な行動のおかげで、私たちは研究を進めることができたのである。

先史時代のウマの拡散

このようにウマが家畜化される時点で、イベリアのウマ、ピレネーの北側のウマ、カルパチアのウマ、アナトリアのウマ、ポントス・ステップのウマ、中央アジアのステップのウマ、レナ川のウマなどが存在していた。それらのウマはその後、どうなってしまったのだろう。プルジェワリスキーウマは中央アジアのステップにいた家畜ウマの子孫で野生に戻ったものだが、それ以外のウマの大半は、家畜化されたポントス・ステップのウマがまたたく間に地球上に広まったために消滅してしまったのである。レナ川のウマはもういない。私たちがデータのなかから同定できた最後のサンプルは、前四千年紀末頃に生きていたものだ。ショーヴェ洞窟やペシュメルル洞窟の壁画に描かれていたウマはもう存在しないし、そのほかのウマも同様である。たとえばイベリアのウマの痕跡は前二千年紀初めに途絶えている。このように全体として衰退したのは、ウマ集団の減少という個体数の自然な傾向に従ったものだ。この点については、古生物学者によって数十年前から資料で裏づけられている。最終氷期の直後から、ウマの化石がしだいに減っているのである。そのため、ウマが家畜化されなかったらやがて絶滅し、永遠に失われた種の仲間入りをしたかもしれないと言う者もいる。結局のところ、アメリカで起こったのは（第10章）こういうことではなかったか？

しかしながら、いくつかの神話がまだしっかりと残っており、地域の在来種が失われた野生馬の生き残りとして大切に保護されている場所が、世界中にたくさんある。そのなかで最も知られているのはおそらくポーランドのコニックで、かつてポントス・ステップや東ヨーロッパの草原に生息していた有名なターパンの直系の子孫とされている。実際はそうではなく、現存するコニックは近代の畜産学がつくり出したウマ。数頭まで減少した中核集団をもとに、絶滅したターパンの容姿にできるだけ近づけようと体系的に選抜したものだ。伝説のウマとして生きるのもなかなか大変である。

私たちは、一八六八年にウクライナのヘルソンに近いカルムイクのステップで捕獲され、その後サンクトペテルブルクの博物館に収蔵されたターパンの標本のゲノムを調べる機会があった。そこから間違いなく言えるのは、ゲノムの三分の二は前三千年紀にドイツとその周辺に生息していた野生馬の祖先、残り三分の一は現代の家畜ウマの祖先から受け継いだ混血だということである。ポーランドのコニックのゲノムは完全に現代の家畜ウマの祖先から伝わるものである。ターパンに存在する野生馬の祖先のゲノム三分の二がそっくり欠けている。つまりポーランドのコニックは、奇跡的に生き残ってビャウォヴィエジャの森など、保護された平和な避難場所でひっそりと暮らしていたターパンの子孫ではない。それればかりかコニックの近親交配は、決して見過ごすことのできない問題になっている。互いに似通った動物の小さな個体群から交雑で繁殖させたことにより、コニックは一九五〇年代から二〇〇〇年代までに一〇〇倍に増えたのである……。私たちの研究によってコニックウマの正体は明らかになったが、かつてヨーロッパに生きていた野生馬の遺伝子の一部は、約四二〇〇年前に家畜ウマが急速に拡散したのちもすぐには消滅しなかったことがわかる。それどころか、純粋な祖先型ではなく、大昔の祖先と新参の家畜ウマが交雑した混血という形で、二〇世紀初頭まで生き延びていた。つまり、それが完全に消滅したのはごく最近、現代になってからなのである。

野生回帰

野生馬のかすかな痕跡は、かつて世界がどのような姿をしていたのか解き明かそうと躍起になっている学者グループの枠を超え、重要な意味を持つようになっている。それは実際、こんにちの世界に大きな反響を呼んでおり、将来の世界にも影響を与える可能性がある。なぜなら、保全生物学者たちは、ヨーロッパをこれまでより野生豊かな地域につくり変えようとしているからだ。それが「リワイルディング・ヨーロッパ（ヨーロッパ再野生化）」というスローガンで、自然を復活できそうなところに保護区をつくろうとしている。そのような場所を保護区にして様々な種が共生するようになれば、人間の活動の影響を受けることなく自然のバランスを回復できる。風景だけでなく、生物多様性、自然の生態系がもたらす様々なサービス――とくにきれいな水や花粉を運ぶ昆虫――が復元され、保全されると期待できるのである。

こうした自然の機能を考えたとき、いくつかの種は活動の多様さとそれがもたらす相互作用によって生態系のなかで中心的な位置を占めることから、とくに重要な役割を果たすことが知られている。それらの種は、実数からは想像できないほど、環境の復元に役に立つ。まさにシステムの要であり、再野生化の専門家たちに注目されている。たとえば、新オーロックスとポーランドのコニックウマは、ヨーロッパのウシとウマの野生の祖先に近づけようと交配によって復元された「まがいもの」だが、オランダのオーストファールテルスプラッセン自然保護区の再野生化実験で重要な役割を果たすと考えられた。そこはアムステルダム近郊にある五六キロメートル四方の湿地で、一九六八年に海辺の一帯が干拓された。新オーロックスとコニックウマは草を食べることで開放的な環境を広げ、森の生態系のみと結びついた種とは別の種の多様性を維持するのに直接貢献するはずだった。先陣を切った点は賞賛に値するが、特別保護区に指定されて三〇年後、実験は無残な失敗に終わった。大型草食動物の集団は数を増やしたが、限られたスペースに自然に生える草だけでは餌が足りず、あるいは冬の寒さが少しでも厳しくなると、たちまち飢餓に襲われたのである。こうして五〇〇頭近いウマが二〇一七年から二〇一八年の冬に餓死した。同じシーズンに死んだダマシカは、ウマの六倍近い数にのぼった。その後、この一帯は先史時代の空想的風景を体験できる自然保護区に戻された。草食動物の個体数が増加すると定期的に駆除され、その肉は食品加工業者に転売されている。

よく考えると、オーストファールテルスプラッセンの実験は単なる失敗ではない。このようなプロジェクトがどんな結末を迎えるかわかれば、再び過ちを犯さずにすむからだ。とりわけ、再野生化プロジェクトの成功に不可欠なキーワードとして、四つのCのルールが生まれた。自然の回廊（corridor ＝一つ目のC）を設置し、センターゾーンとのコンタクト（contact ＝二つ目のC）を維持すること。肉食動物（canivores ＝三つ目のC）を導入して草食動物の数を自然にコントロールすること。あるいは、同情（compassion ＝四つ目のC）抜きの駆除対策を実施し、自然保護区に暮らす動物の生活の質を確保すること、である。とはいえ、現実は複雑である。このルールがいかに道理にかなっているように見えても、長期にわたって状況がどのように推移するか、予測が困難なことが多い。

半野生状態で暮らしているオーストラリアのウマ、ブランビーを例に挙げよう。島というより大陸に近い大きさなので、スペースは十分にあり、捕食動物もいないわけではない。さらに、中心と周辺のゾーンはコンタクトがとれており、いわば四つのCのうち三つはあらかじめクリアされていた。しかしながら、ここ数年は大規模森林火災に見舞われ、地域の生態系の多くが灰となり、消滅の危機にさらされている。実のところ、火が収まってブランビーが戻り、若い芽を踏みつけたり食べたりすると、植物、ひいては独自の環境が再生するのが難しくなる。一頭のウマが一日に一二時間から一七時間、草を食べ、オーストラリア最大とはいえコジオスコ自然公園だけで二〇一五年から二〇一九年までにウマの個体数が六〇〇〇頭から二万頭以上に増えたというのだから、その結果は推して知るべしである。おまけに、オーストラリアにウマが導入され、ヨーロッパの探検家たちが一七世紀から一八世紀にブランビーを発見する以前、オーストラリアにウマはいなかった。したがって同国の植物相は、ウマによる攪乱に十分備える術《すべ》がない。いっぽう、オーストラリアで頻発する森林火災に対しては、当然ながら植物相に復元力（レジリエンス）がある。

目下のところ、この状況に対する政治的対応策のひとつは、ウマの頭数を大幅に減らすことだった。今後は、地球上でも比類のない生物多様性に危険が及ばないよう、ウマは外来の有害動物とみなされることになる。二〇二〇年三月にこの決定を確認した連邦裁判所は、自然公園はウマのような外来動物ではなく、地域に固有の野生の動植物を守るよう命じた。このように、それぞれの種が生き延びるために競争しているとき、ルールの四つ目のCを実行するのはつねに容易とは限らない。オーストラリアは例外ではない。カナダのアルバータ州やブリティッシュ・コロンビア州では、放し飼いにされているウマが自然を攪乱している。頭数を増やし、植物を食べたり地面を踏み荒らしたりした結果、土壌が浸食されている。カナダでもしばしば駆除したり、捕獲して別の場所へ移動させたりしている。野生動物に避妊薬を投与すべきだと考える者もいるが、分量やターゲットを誤れば、より致命的な結果を招きかねない。

論理的に考えればおそらく、大型動物を受け入れても差し支えない地域を特定できるだろうし、そうなればウマを再導入しても、それほどリスクはないだろう。こんにち順調に進んでいるアプローチのひとつに、野生の生物種が占めている生態的ニッチの大枠を見定め、現代の世界に類似した区域を探すというものがある。そのためには、時間をさかのぼって様々な時代を調べ、再導入の候補となる種——ここではウマだが、もっと広く、大型哺乳類のどの種にも言えることである——の化石の分布地図を古気象学の様々な地図と照合する必要がある。たとえば、化石が見つかった場所の当時の年平均気温、年平均降水量などを調べるのである。実際には現在の気候モデルでも、そうしたパラメータを驚くほど正確に再現できる。この方法を使えば、世界のどの地域が、私たちに関心のある種に都合のよい生活条件を提供できるかわかるだろう。しかしながら、このアプローチがいかに魅力的に見えようと、ウマの場合、明らかに欠陥がある。すでに述べたように、家畜化以前の時代については、ウマの種類が多様だったことがわかっているが、そのほとんどすべてがこんにち、姿を消してしまっている。その後、人間がウマに乗るようになると、ウマ本来の生息域を越えて移動するようになった。しかし、そうした限界はあるものの、いくつかの研究グループはデンマークのようなスカンディナヴィア地方にまでウマを再導入しようとしている。彼らが選択するのはまたもやコニックウマになりそうだが、私たちが指摘したように、コニックウマはもともと野生馬でもなんでもない。

もっとふさわしいウマ、つまり真の野生種の系統がいなければ、いわゆる半野生状態の家畜ウマの品種を使うのもよいかもしれない。それらのウマは放し飼いにされているが、人間とともに暮らしたことがあり、そのため、何百年いや何千年も前から地域の風土に適応している。イギリス南西部の荒れ野を発祥地とするダートムーア・ポニーがそのケースに当てはまる。現在、一〇〇〇頭あまりしか残っていないので、これを増やして利用するという考えは時宜にかなっていると言えそうだ。一九六〇年代にはいまより一〇倍もいたのである。これもブレグジット［EU離脱］の影響だろうか。あるいはイギリス国土整備局が実施しようとしている新しい農業政策の影響かもしれない。この役所はどんなに野心的な計画でもひるむことがないようだ。理屈の上では、耕作ないしは占有している土地の広さではなく社会全体に対する生産やサービスに従って、農業生産者と畜産業者を支援することになっている。たとえば、大気や水の汚染を減らす、生物多様性の保全に貢献しているといったことである。ところで、ダートムーアのような荒れ地（ランド）には、ウシやヒツジが食べない硬い草が生えている。ウシやヒツジだけを飼育していると、それ以外の草が必然的に減少し、生物多様性が低下して、生態系全体がとくに山火事に対して脆弱になる。ヒツジやウシの飼育をやめてしまうのは、植物にとっても畜産業者にとってもよい選択肢ではないだろう。そうなれば別の植物がはびこることになるからだ。ウシ、ヒツジ、ウマをバランスよく飼育し、ダートムーアのランドとそれがもたらす生態系サービスだけでなく、飼育のノウハウや伝統的な生活様式を維持していくのが、解決策となりそうである。

さらに、近年の実験は期待の持てる成果を上げている。ウマを引き寄せるために、環境の戦略的地点に固形塩を置いたのである。ウマは一日に五〇グラムの塩を摂取する。固形塩を置く場所は、丈の長い草モリニが茂っているところが選ばれた。この植物はかつて少なかったが、ヒツジとウシの過密放牧によってはびこるようになった。ウマがそれらの場所をたびたび訪れ、頼まれもしないのにモリニを食べるようになると、たったの三年で、ランドの典型的な植物であるカルーナ［ヒースの一種］が戻ってきた。以上の成果は時間をかけて立証されたが、さらに注意深く追跡し、おそらく場所を変えて試してみる必要があるだろう。だが、以上の実験からわかったことがある。生物多様性と気候が危機に瀕している時代に、ウマの存在、というよりむしろ人間とウマの関係を維持することが、これからも真の政治的影響力を持つ可能性があるということだ。

第6章　もうひとつのウマ

一九七六年のグレート・アメリカン・ホースレース

一九七六年五月三一日。その日、ニューヨーク州の小さな町フランクフォート、そしてアメリカ全土は、春のようなさわやかな風が吹いていた。ウォーターゲート事件は二年前のニクソン大統領辞任で幕を閉じ、前年の四月に泥沼のベトナム戦争が終結していた。世の中にほっとしたような空気が漂い、数週間後には、トマス・ジェファーソンが起草したアメリカ独立宣言の署名二〇〇周年を祝うことになっていた。そして「グレート・アメリカン・ホースレース」と銘打ったレースが、競馬好きの人々に気分転換の機会を提供しようとしていた。昔を懐かしむ人々にとっては、大西部への熱い思いをよみがえらせ、雄大な風景に息をのむ、絶好の機会になるはずだ。レースの参加者にとって肝心なのはむしろ、ウマで六〇〇〇キロ近い距離を走り、昔のポニー・エクスプレス［一九世紀の早馬による速達便］のルートをたどってカリフォルニアを目指すレースに集中することだった。スタート地点は東海岸のフランクフォート。ゴール地点は、大陸の反対側にあるサンフランシスコに近いサクラメントである。優勝馬に二万五〇〇〇ドルというかなり高額の賞金（現在より四倍の価値があった）が支払われることになっていたが、果たして無事に走りきる馬がいるのかと、人々は気をもんでいた。というのも、事情に通じた人々の一致した見方では、このレースは二〇〇〇人以上の参加者にとってかなり過酷なものになると予想されるからだった。参加者はそれぞれ二頭の騎乗馬、主力のウマと万一の場合に備えたスペアのウマの二頭で全行程を走破しなければならない。大半のウマは伝説的な耐久力で選ばれたアラブウマ。そして北極圏の猛吹雪をものともしないことからタフであるとの評判をとっているアイスランドポニーだった。

レースは自転車のツール・ド・フランスのように、毎日決まった距離——約六〇キロメートル——を走ることになっていた。だが、レースの規模はまったく異なる。ウマは定期的に、ときに一六キロごとに検査を受け、疲れすぎて明らかに危険であれば、休息をとるよう、獣医師がチームに命じることになっていた。それでも多くのチームが先を急ぐあまり、ウマを失った。しかし、馬上で三一五時間以上——昼夜ノンストップで一三日間に相当する——過ごしたのち、ヴァール・ノートンがゴールに到着した。トップでゴールしたわけではなかったが、ほかの競走相手が近道をしたりウマの状態を気にかけなかったりしてペナルティを科されたため、彼が優勝したのである。誰もが驚いたことに、ヴァール・ノートンが乗っていたのはウマではなく、ラバだった。ラバの名ロード・フォントルロイはスペアの雌ラバの名とともに、銘に刻まれた。レディ・エロイーズというニックネームの雌ラバは、レースを終える前に負傷していた。それでも「チーム・ラバ」は、世界でいちばん耐久力のあるウマたちに勝利した。それはほとんど信じがたいことだった！

ラバ、自然の真の力

ヴァール・ノートンにとっては意外でもなんでもなかった。労働者でワイオミングの農家に生まれた彼は、この動物の性質をよく知っていた。父からロバ、母からウマの性質を半分ずつ受け継いでいること。以前から人間が、自然に反するこの雑種の力を利用していたことを知っていた。古代ギリシア人とローマ人は、生物学者がこんにち雑種強勢と呼ぶものに注目していた。実際、雑種には両親それぞれの性質が現われるいっぽう、その弱点は排除される。こんにちの言葉で言えば、性質がグレードアップされるのである。耐久力は比類がなく、きつい仕事も音《ね》を上げずにやり遂げる。ヴァールの無謀なレースがその一例である。だがそれだけではない。とりわけ山岳地帯のような悪路では、ウマより確かな足取りで進む。ラバの蹄はウマより丈夫なのである。そのため、ラバの隊列がアフガニスタンの戦闘地域に入り、とりわけ通行困難な僻地に武器や食料を運んでいた。たしかにウマより足は遅いが、飼育にそれほど手間がかからない。ウマより丈夫で、飢えや渇き、病気や害虫にも強い。おまけに辛抱強い。この点ではロバの性質を受け継いでいるが、ロバより体が大きく、ロバの悪い性質、強情さは持ち合わせていない。私たちはいまでも強情で手に負えない動物と思っているが、ラバをよく知る人にとって、そのイメージは正反対である。慣用句で頑固者のことを「ラバ頭［ラバのように頑固］」と言うのは当たらないのである。ちなみに、ラバの耳は父のロバより短いが、母のウマよりずっと長い。おそらくとくに意味はないだろうが。

フランス語の「ラバのように背負う」という表現は、ラバとその多数ある長所のひとつを正当に評価している。ラバの比類ない力のおかげで、いくつもの大国が生まれ、多くの事業が利益を上げたからである。ラバの世話になった事例として、アメリカ合衆国建国当時のエピソードを挙げよう。ジョージ・ワシントンの動物を見る目は確かだった。彼は最初にラバを生産したアメリカ人になった。ロバの輸出が禁止されていた時期に、スペインのカルロス国王に直接頼んでアンダルシアの素晴らしい繁殖用ロバを手に入れたのである。スペイン国王のプレゼントのおかげで、事業は順調に発展した。たった一五年ほどで、マウントヴァーノンの大統領の牧場で草をはむラバは六〇頭近くに増えた。誰かが範を示せば、そのアイデアは急速に広まる。一九世紀初頭にアメリカの大地を踏みしめるラバは一〇〇万頭近くにのぼったと推定される。

ラバはまず南部諸州で、労働、収穫、荷物の運搬と、何でもこなす動物として人気を博した。西部でもかなりの関心を集めた。というのも、アメリカ大陸で最も長く、曲がりくねった、工事の困難な道路とされるオールド・スパニッシュ・トレイルの建設に、ラバの力が発揮されたからだ。ラバが大活躍したのは一八三〇年代から一八五〇年代にかけてである。ニューメキシコからカリフォルニアの海岸まで、先住民が織った毛布の束を運んでいたのがラバだった。そのために、地球上で最も過酷な場所に数えられる砂漠を越えなければならず、ラバはそこで運搬用の動物というだけでなく、貨幣の役割も果たしていた。アメリカ先住民の見る目も確かだった。ウマを欲しがっていたにもかかわらず、ウマ一頭の値段が毛布二枚だったのに対し、雄雌を問わず一頭のラバを手に入れるためならもっと多くの毛布を手放すことも辞さなかった。ラバがよく働き、自立心が強く、丈夫なことが知れ渡るまで、それほど時間はかからなかった。そもそも、この地方でラバが受け入れられたのは悪路のせいばかりではなかったが、鉄道やより直線的な道路が敷かれると、同じ距離をそれほど苦労せずに、もっと大量の商品を運べるようになった。だが、ラバの特質に疑問符がつくことはなく、すぐに別の用途に振り向けられた。鉱山、とくに金鉱山で使われただけでなく、軍隊でも重宝がられ、部隊の補給や装備品の輸送、重量のある兵器の運搬に欠かせない動物として、兵站の一翼を担うようになった。

フランスでもラバはさかんに使われた。ラバの背に一〇〇キロ以上、ときには一五〇キロもの荷物を載せることができたからだ。そのため一九世紀まで、塩や魚、ワインなどの物産を満載した荷馬隊が、ラングドックの海岸から出発してオーブラック山地の北に位置するマルジュリード高原まで、フランスの村から村へと巡回していた。そのルートは、ローマ帝国が飛躍的に発展する以前から利用されていたものだ。前二一八年、ゾウとともにピレネー山脈とアルプス山脈を越えたハンニバルのかたわらには、ラバもいたのである。

頑強だが繁殖力のない雑種

父からロバ、母からウマの性質を半分ずつ受け継いだこの雑種に賛辞を惜しまないとしても、生産者によく知られた欠点がある。多くの場合、ラバに繁殖力はないのである。実際、雌ラバを雄ラバとつがわせ、一一か月後に子どもを産ませようとしても、まず期待はずれに終わる。ほとんどのケースで流産してしまう。数年前にサンディエゴ動物園で子どもを産ませるのに成功したが、雌ラバと雄ロバを交配させたのであって、雌ラバと雄ラバではなかった。つまり、交雑によって生まれたのは正真正銘の雄ラバではなく、雄ラバのハーフである。その点は大目に見るとしても、再び子どもを産ませるには、繁殖力のある雌ラバにあたるまで何十回も交雑を繰り返さなければならないだろう。そのようなわけで、雑種から次の雑種をつくろうとする生産者は、たちまち挫折することになる。そのため、ウマやロバに品種があるように、つまりその畜産的性質のために評価され選抜された動物が、同じタイプの両親から生まれるという意味で、ラバに品種はない。ラバは非常に役に立つ動物なので、生産者だけでなく利用者にとってもこれは重大な問題である。

ここで次のような疑問を抱く人がいるかもしれない。昔の生産者たちはどうやって十分な数のラバを確保していたのだろうか。ひとつ確実に言えるのは、ラバの両親それぞれを生産し続けなければラバは手に入らないということだ。そのようなわけで、ラバの生産は非常に高くついた。実際問題として、雌ウマに加え雄ロバの世話もしなければならない。生産者たちはむしろ、両親のいずれかいっぽうの飼育に専念しようとしたようだ。もちろん、ラバの生産にそれほど金をかけないやり方、つまり限られた数の種ロバだけを使うという手もある。このやり方は出資者たちに受け入れられただろう。交雑に欠かせない両親の系統を維持するのにそれほど金を出さずにすむいっぽう、儲けはもっと多くなるからだ。とはいえ、種付け用の雄ロバを選ぶ必要はある。雌ウマと雄ロバを交配させるのは容易でなく、かなりのノウハウが必要である。それ自体がひとつの技《わざ》（アート）だと言う人もいる……。

雄ロバを選ぶ場合、昔の生産者はどのような基準で選んでいたのだろうか？　ほかの動物よりよく働く動物を選択したのだろうか？　より頑健な子どもが生まれるように、体格のよい動物が好まれたのだろうか？　あるいはウマだけを飼育する場合、雌ウマと交尾しないよう雄ウマの大半を去勢し、春になったらロバの生産者から種付けのサービスを受けたのだろうか？　種付け用の雄ロバの飼育を外部に委託すれば、それだけコストが抑えられ、債権者たちも喜ぶのではないか？　以上は私の頭に浮かんだ疑問だが、ＣＮＲＳの同僚でフランス国立自然史博物館の研究者であるセバスティアン・ルペツ、ブノワ・クラヴェルと仕事をするようになると、また新たな疑問がわいてきた。

古代のラバ生産

実のところ、私が博物館のふたりの研究者と仕事をするようになってすでに数年たっていた。だが今回、ウマ科動物の考古遺物を一二〇〇点以上、遺伝的に詳しく調べることになったとき、私たちははっきりと方針を定めた。昔の生産者たちはウマの資源をどのように管理し、生み出していたのか、理解したいと思ったのである。フランスで二〇〇〇年以上にわたり、ウマ、ロバ、そしてもちろんその雑種が遺伝的にどのような変遷をたどったのか。それがプログラムのすべてだった。私たちを待ち受けていた作業はそれ自体、途方もないものだった。ちょうど新型コロナウイルス感染症の危機に見舞われ、作業はますます困難になった。セバスティアンとブノワはロックダウンの合間をぬって、考古学の収蔵品を見て回り、骨や歯の貴重な断片を届けてくれた。私たちの研究所では三人の技術者から成るチームが活動していたが、ほどなくして四人目が加わった。彼らは同じくロックダウンから解放された時期にそれらのサンプルからＤＮＡを抽出し、塩基配列を決定した。チームは二年近くにわたり、持てる知識と技術、注意力を総動員して作業にあたってくれた。彼らがいなかったら、これから明らかにする謎はまだ何年も解けなかっただろう。

考古遺物がウマのものかロバのものか、それともラバのものか、決定するのは容易でない。ロバとウマの小臼歯と大臼歯の形は慣れた者でなければなかなか見分けがつかないし、高度の形態解析技術を駆使しないと、雑種の歯を同定するのも難しい。いずれにせよ、作業にはリスクがつきもので、ミスをすることも少なくない。分析に用いる材料によっては、一〇回につき一回、さらにはそれ以上となる。歯以外の遺物、たとえば内耳の骨迷路などが使えれば、より満足のいく結果が得られる――エラーはたったの七％。私たちは最先端の医療画像技術を用いて、その形と大きさを調べた。しかしCovid-19が流行っていた時期だったため、当然のことながら、考古遺物を分析するためにスキャナーを使わせてほしいと、忙しい病院に頼むわけにはいかなかった。それに、私たちの手元にある遺物の多くは歯でも内耳の骨でもなかった。要するに、選択の余地はほとんどなかった。DNAを使ってふたつの種のいずれか、ないしはその雑種かを知るしかなかった。

幸いなことに、そのための手法は二〇一七年に確立されていた。それはほぼ確実な方法で、原理もシンプルだった。現存するウマ科動物それぞれのゲノムの塩基配列を決定することにより、その遺伝子に違いのあることを確認したのである。最も少なく見積もっても、種ごとに一％前後の違いがある。ところで、化石から見つかるDNAのシーケンス（塩基配列）には約五〇文字が含まれている。つまり、ウマ科動物に特有のシーケンスのペアそれぞれにつき、所定の突然変異の有無によって分析している種がわかる文字ひとつに当たるチャンスがある。ふたつと言わず、もっとたくさんのシーケンスを分析すれば、その種に関する指標はすぐに判明する。十分な数のシーケンスを調べれば、それが何の種か確実に知ることができる。実のところ数千のシーケンスがあれば、判断を誤るリスクはゼロになる。雑種でも同じことだ。雑種は両親それぞれから同じ割合の突然変異を受け継ぐからである。さらに、この手法で第一にわかることは、分析する動物の性別である。こちらは種に特有の変異ではなく、X染色体の塩基配列を数える。雌なら、常染色体の塩基配列と同じ頻度で現われるはずである――雌のX染色体はほかの染色体と同じくペアになっている。雄では二分の一しか現われないことが多い。雄はX染色体をひとつしか持たないからである（もうひとつはY染色体）。数百年、さらに数千年前に死んだ動物のDNAの痕跡が考古遺物に残っていれば、信頼性の高いツールを使って、昔の生産者がウマ、ロバ、ラバのうちどれを飼育していたのか、その割合はどの程度か、知ることができるのである。さらに、その遺構で雌のほうがたくさん見つかれば、おそらく子ウマを産ませるために飼育されていたとわかる。私たちのツールは雑種を含めて威力を発揮したことから、雑種の珍獣の名をとってゾンキーと呼ばれていた。ゾンキーは動物園の同じ柵で飼育されていた雌のシマウマと雄のロバから生まれた雑種で、やはり繁殖力がない。

フランスにおけるラバの黄金時代

以上の分析で最も驚くべき成果は、畜産業者はつねに同じ種を生産していたわけではないとわかったことである。そうではなく、そのときの状況によって、飼育の形態と飼育動物の構成を変えていた。たとえばウマは、調査した二五〇〇年間を通じて最も人気が高かった。フランスではつねに、家畜生産の三分の二から四分の三をウマが占めていた。ロバが目立つようになるのは古代末期になってからである。ラバの黄金時代は後一世紀から三世紀末にかけてで、少なくともフランスの北半分では、ウマ科動物の生産の最大で三分の一を占めていた。古代ローマ人にとってラバはきわめて重要な動物だったということだ。ラバはまず、多くの力仕事に使われたはずで、経済がグローバル化し、ブリテン島北部から黒海沿岸まで五〇〇〇キロ以上に拡大したローマ帝国内の輸送を支えていた。とくに、この広大な地域に散らばった軍隊の補給にあたり、戦略的に重要な役割を果たした。この点に関して、私たちの遺伝的研究の成果は、大プリニウスのような古代ローマの著述家の記述と一致している。ロバの用途はもっぱらラバの生産にあったと、大プリニウスは伝えているのである。後一世紀前半にはコルメラが、ラバを使うべき状況全般について記している。ラバはウマより役に立ったのである。私たちが調査したローマ時代のどの遺構からもラバが見つかっており、当時のモザイクやレリーフに描かれた事実を裏づけている。挽き臼を回す、戦車や「ヴァルス」というガリアの刈り取り機を引くなど、モザイクやレリーフに描かれたラバはほとんどあらゆる仕事をこなしている。要するに何でもできる動物であり、人々の日常生活にもローマ帝国の活動にも必要不可欠な動物だった。

しかしながら私たちのデータが示すところによれば、ボワンヴィル＝アン＝ウォエヴル遺跡のような例外もある。現在メスと呼ばれる都市に近い農村地帯、ベルギーとルクセンブルクの国境から二〇キロほどのところに、後三世紀から六世紀にさかのぼるローマ時代のヴィラ〔別荘〕がある。分析した遺物は建物のパルス・ルスティカ、つまり農作業が行われていた区域から出土した。この場所で見つかったのは、当時のほぼすべての場所のようにラバが三分の一、ウマが三分の二の割合ではなく、ほとんどロバばかりだった。雄もいれば雌もおり、当時そこでロバが生産されていたことがうかがえる。だがセバスティアン・ルペッにとって、この調査結果は驚くべきものだった。彼が送ってきた遺物はきわめて大きな動物のものだった。体長一・五〇メートル、体高〔肩上までの高さ〕一・五五メートルというのは、平均サイズが一・二〇メートル前後のロバにしては驚くべき大きさである。これがロバであるとは、セバスティアンには思えなかったのだ。しかし私たちが何より驚いたのは、分析したロバが遺伝的に近縁だったことである。ロバのうち六頭は同じ家系に属しており、二頭は別系統だった。そのようなロバがボアンヴィル＝アン＝ウォエヴルで見つかったのは偶然ではない。ローマの生産者は周辺の農村の至る所でロバに出会っていたはずだ。ところが当地では、ロバは家族単位で飼育されていた。ちなみに、ロバの一頭はきわめて近い近親交配、正確には兄弟姉妹の結合から生まれていた。このような交配は野生状態ではめったに起こらない。これも生産者の選択の結果だと見るべきだろう。

このように、一五〇〇年ほど前にボアンヴィル＝アン＝ウォエヴルのローマの豊かなヴィラで働いていた飼育者たちは、そこで驚くべき身体的特徴を持つロバの家族をつくり上げ、それを維持して改良を加えようとし、目的を達成するためにきわめて近い近親交配まで行っていたのである。遺伝子のデータから、ここでは特殊なタイプのロバが生産され、そのためにどのような方法がとられていたかもわかった。ところで、プリニウスやコルメラ、ウァロ［前一世紀のローマの著述家、『農業論』で知られる］を含めて当時の著述家が書いたものに、ローマのラバ産業で巨大なロバが使われ、組織的な生産拠点といえるものが存在していたことが記されている。話がつながった。ボアンヴィル＝アン＝ウォエヴルの生産者たちはラバを産ませるためのロバを飼育していたのだ。さらに、その場でラバは見つからず、雌ウマもわずかしか見つかっていないことからわかるように、生産者は周辺の農村で彼らの巨大なロバを貸し出していたに違いない。ラバの生産はふたつにひとつ。雌ウマの所有者は春の交尾に備え、ロバの飼育者は季節がよくなるとロバを連れて近隣の農家を回り、ロバはまさしく種馬になる。以上のケースの利点は、ラバは雌ウマの所有者の家で直接生まれることである。

ボアンヴィル＝アン＝ウォエヴルのロバの遺物の遺伝的プロフィールには、もうひとつ情報があった。こちらもかなり重要なものだ。実のところ、ロバの大半は現在西ヨーロッパのどこにでも見られるロバに非常に近かったが、いずれもほかの時代のロバに見られない特徴を示していた。現在のロバに比べ、野生ロバの個体群と遺伝的に近いのである。どちらかといえばこんにちの西アフリカ、セネガルやモーリタニアの海岸からマリにかけて生息しているロバとの遺伝的近縁性を示すものもあった。これはおそらく、ボアンヴィルのローマの生産者が、ローマ帝国の広大な領域とその豊かな自然資源を活用し、彼らに利益をもたらす大型のロバを海の向こうで見つけることができたということなのだろう。これはそれほど突飛な考えではない。結局のところ、ジョージ・ワシントンがアンダルシアのロバと出会って行ったことと変わらないのではないだろうか。言い伝えによると、アンダルシアのロバは前七世紀のエジプトが原産で、西アフリカのロバではなかったが、体高が一・四〇メートルから一・五五メートルにもなる大型種だったという。

王の動物

ラバのもうひとつの使われ方について語らなければ、これまで見てきた雑種を正当に評価したことにならないだろう。「強情」と揶揄される運搬用の家畜としてではなく、威信を高める道具としての用途である。どちらかといえば古代の話であることは認めよう。異種交配という超自然的な面を持つことから、特別視されたに違いない。実際に「自然に反する」結合から生まれるが、それは偶然の産物ではなく、特定の者だけが持つノウハウによるのである。そのため、大昔にそうしたノウハウを持つのは珍しく、まだ不確実なところもあったことから、ラバは貴重な財産であり、きわめて裕福な者だけが所有できる動物であった。このような条件であれば、旧約聖書のダヴィデ王がラバに乗っていても驚くには当たらない。オリエントでは、高位の者が雌ラバや雄ラバ、さらに別の超自然的結合から生まれたウマの雑種に乗るのは珍しくなかった。そのような結合から、こんにち「クンガ」と呼ぶ雑種が生まれた。これは前三千年紀後半の楔形文字に登場し、ANSEという文字で記されていた。これはBARxAN、すなわち王のウマであった。専門家の見解によると、このウマは、「ウルのスタンダード」というシュメールの工芸品のモザイクに描かれた謎のウマ科動物であるという。螺鈿《らでん》と石灰岩とラピスラズリで飾られたこの木製の大箱は、一九二〇年にバグダッドの南で、四五〇〇年ぶりに発掘された。

黄金と引き換えに売られていた——ロバの六倍も高価だった——クンガが雌ロバとシリアのオナガー（アジアノロバ）の子どもだったことは、テル・ウンム・エル＝マッラで見つかった四〇〇〇年以上前の骨のDNAから明らかになっている。つまり、前三千年紀末がウマ科動物の飼育・生産技術に関してタブーなき実験期であったことは、もはや疑う余地がないのである。それだけではない。現代のウマの祖先がその頃に北カフカスのステップで生まれようとしていたことを思い出そう。そこから少し南に下った同じ山脈の反対側、アナトリアの入口とメソポタミアの入口では別の民族が、在来種である野生のオナガーの雄と家畜化された新種のウマ科動物の雌を掛け合わせて別の動物をつくろうとしていた。新種のウマ科動物は数世紀前にナイルの谷と、原産地であるアフリカの角［アフリカ大陸東北部のサイの角の形をした地域］をあとにしていた。すなわちロバである。さらに私たちのゲノム研究により、ウマの遠い親戚であるこの動物の家畜化に関する謎をいくつか解くことができた。しかし、それを語ると話の本筋から離れてしまう。それより本書で取り上げる動物、ウマに話を戻そう。

第7章　オリエントのウマ

アラブウマ――伝説のウマ

きりっとした鼻梁《びりょう》、弓なりになった長い首、威厳に満ちた頭部、尻の高い位置についているふさふさした尾。たくさんのウマの中で、すぐにそれと見分けがつく。アラブウマでもとくに素晴らしい雄ウマ、マルワン・アル・シャカブは、アラブウマ国際競技大会で何度も優勝していた。毎年、ポルト・ド・ヴェルサイユの見本市会場で開かれる大会には、最高賞を射止めようと世界中からアラブウマのエリートが集まる。ウマの所有者たちは、二〇〇〇万ドルもの大金を積まれてもウマを手放さないだろう。このウマは、アラブウマという品種の絶対的な美の基準を体現していると言わなければならない。しかしアラブウマの起源は太古の闇に包まれている。最もよく知られた伝承によると、アラブウマの起源は預言者ムハンマドその人にさかのぼるという。ムハンマドは何日も砂漠を旅した末にオアシスを見つけ、渇きを癒すようウマたちを放した。ウマたちは喜びいさんで走り去ったが、水場にたどり着く前に主人に呼び戻された。五頭の雌ウマだけが足を止め、引き返した。こうしてムハンマドは、何があろうとこの五頭だけは頼りになると知った。それらのウマが最も忠実な「アル・カムザ（ザ・ファイブ）」として歴史に残り、砂漠のベドウィンのウマの始祖になる。ベドウィンのウマは高い持久力を誇る。そのなかで申し分のないウマだけが繁殖に用いられ、とくに大切な雌ウマは盗まれないよう、家族のテントで飼育された。別の伝承によると、アラブウマの起源はもっと昔、アッラーの時代にまでさかのぼる。アッラーは南の風からこのウマの体をつくった。「おまえを私の動物とする。固まれ」。アッラー自身がこう言ったとされる。

リヤドの南西八〇〇キロに位置するアル・マガルで近年発見された考古遺物も、アラブウマの起源がイスラム教成立のはるか以前にさかのぼることを示唆している。とくに、長さ八六センチ、重さ一三五キロを超える彫刻のある石の側面は、ウマの横顔にそっくりである。そればかりか、首の下あたりに垂直のラインがはっきり刻まれており、綱もしくはウマを制御するための馬具のようなものを連想させる。しかし、この遺物で驚くのは、その年代である。彫刻の周辺で見つかる骨の炭素14年代測定を信じるなら、六六〇〇年以上、おそらく七三〇〇年前にさかのぼるのである。すなわち、ボタイより約一五〇〇年古く、ポントス・ステップでＤＯＭ２が生まれるより二五〇〇年早い。とすれば、最初にウマを家畜化したのはベドウィンということになるのだろうか？　いずれにせよ、その時代、いまから約六〇〇〇年前までのアラビア半島は、現在のような砂漠ではなく、もっと湿潤な地域、緑に覆われたサバンナだった。それなら、ウマがいてもおかしくないのではないか？　この発見がセンセーションを巻き起こしたのは当然の話だった。

そして論争の火ぶたが切って落とされた。実のところ、石像が発見された経緯は明らかでなく、そのとき簡単なものであれ考古学の発掘は行われなかった。発見者は貯水池をつくろうとして石像を見つけ、現状を保存せずに、周辺にあった三〇〇個あまりの破片とともに車に積んで、リヤドのサウジ観光・遺跡委員会に持ち込んだ。つまり石像の年代は、周辺で見つかり炭素14年代測定が行われた骨の年代と同じでない可能性がある。さらに、この発見以前、この地方で見つかった最も古い騎馬や戦車を引いているウマの岩絵は、前二千年紀初頭前後のもので、それ以前にさかのぼらない。つまりそれは、DOM2のウマが拡散した時代のものである。それに、そうした岩絵（考古学でいう岩石彫刻［ペトログリフ］）で、前九世紀以前に、きりっとした鼻梁、弓なりになった首、高い位置にある尾といったアラブウマの身体的特徴を持つものは見つかっていない。また、アル・マガルの石像に彫られた動物の横顔はウマとされているが、よく見ると、別のウマ科動物、たとえばオナガーや野生ロバの可能性もある。首のあたりに浮き彫りされたラインを馬具の一部とするのも、いささか拙速だったようだ。

ほかにも気がかりな点がある。新アッシリア王国の年代記には、前一二世紀以降、アラビアから多くの貢ぎ物が送られたことが記されている。そこにはロバやラクダはあるが、ウマはまったく出てこない。前六世紀末に建設されたペルセポリスの「貢ぎ物を運ぶ人々」の浮き彫り、アパダナ宮に描かれたアルメニアやカッパドキアの外交団がアケメネス朝のダレイオス大王に貢ぎ物を運んでくる場面を見れば、描き忘れることがあるとは思えない。なぜなら、そこに登場するのは、はるばるアラビアからやって来たと思われるラクダであって、ウマではないからだ。さらに、前八世紀から前一世紀にさかのぼるセム語族系のミナ語のコーパスに「ウマ」という言葉はまったく出てこない。前七世紀から後二世紀の別のセム語族系言語、カタバン語のコーパスに記載されている二五〇〇語を研究者が調べたところ、ウマにあたる言葉はひとつしか見つからなかった。それに近い別のセム語族系言語、サバ語のコーパスにこの言葉が広まったのは、後一世紀以降のことである。それより四〇〇〇年前のものと思われる彫刻をウマに関連づけるには、言葉が出現する年代が遅すぎる……。アル・マガルの彫刻は実際に存在するのだから、ウマの骨の残骸もどこかにあるに違いない。アラビア半島の新石器文明によって家畜化されたなら、同時代のウマの骨もたくさん見つかるはずだ。サウジアラビアのアブドラ国王は自ら、アル・マガルの発見の公表を急がせたとされる。それは、「アラビア半島が最初にウマを手に入れた」ことを示すからである。とはいえ、これまでのところ情報は少なく、すべての点で一致しているとは言いがたい。誰もがそう考えるだろう。

アラブウマの起源と世界への拡散

その点について遺伝子から何がわかるだろうか? 実を言えば、遺伝子はすべて一致しているのである。アラブウマはDOM2、つまり四二〇〇年前にドン・ヴォルガ下流域で家畜化されたウマの遺伝的系統に属している。青銅器時代初期のシンタシュタ文化の戦車につながれていたウマであり、鉄器時代の騎馬遊牧民スキタイのウマであり、私たちが塩基配列を決定したケルトやヴァイキングやビザンティンのウマである。その点については疑う余地はない。それでもアル・マガルの彫刻が約七〇〇〇年前に家畜ウマが存在したことを示していると考えるなら、以下の事実を認めなければならない。そのウマは、アラブウマを含めて歴史上のほかのウマに直接つながる子孫を残さなかったということだ。しかし、DOM2のウマがすべて遺伝的に近縁だとしても、ほかより近いウマはいる。また、それらの相対的な遺伝的近縁性を説明することで、家畜化のプロセスが始まって以来、どのウマからどのウマが生まれたのか推論できる。そのようにして、現在のアイスランドのウマがヴァイキングのウマのまさしく子孫であること、西暦前後の中国を悩ませたウマはアルタイ・カザフ地方に位置するベレル遺跡のスキタイ人が使っていたウマから派生したことが判明した。フランスのケルトのウマが古代ローマのウマにきわめて近いことも明らかになっている。この種の解析により、現在のアラブウマに関して重要なことがわかってきた。その遺伝的起源を探すには、少なくとも四世紀から五世紀のササン朝ペルシアのウマにさかのぼる必要がある、ということだ。

すなわちアラブウマは、遺伝的にいってイスラムの拡大以前、イランを再び古代末期の超大国にした帝国においてすでにその種のものとして存在していた。DNAを採取できる化石がアラビアで見つかっていないため、いまのところ、そのウマがアラビア半島で生まれてペルシアに入ったのか、その反対なのか述べることはできない。この疑問に答えようと私たちは力を尽くしているが、すでにひとつだけ、確実に言えることがある。このウマが近代のウマ生産の歴史を根底から変えたということだ。シェトランドポニーやブリテン諸島のダートムーアポニー、アイスランドのウマのようなわずかな例外を除いて、近代の馬種すべてがこのウマから何らかの影響を受けている。一例としてインドのマルワリ種を取り上げよう。このウマは勇敢に戦うことで知られ、戦場を離れるとすれば三つの場合しかないと言われる。勝利したとき、転倒したとき、負傷した騎兵を連れ戻すときである。三日月形の耳を持つこのウマは、イギリスの植民地支配のもとであやうく絶滅するところだった。幸いにも絶滅を免れ、こんにちでも原産地ラジャスタンの住民の自慢の種になっている。このウマはインド北西部で生まれたにもかかわらず、祖先のアラブウマのゲノムの三分の一以上を受け継いでいる。一二世紀以降にイエメンの海岸から船に積み込まれ、インド洋を渡ってきた無数の騎馬に、そのウマが交じっていたことは確実である。それらアラブウマのおかげで、デリーのトルコ系スルタンは権力を確立し、短期間でインド亜大陸の大半に勢力を拡大できたのである。

だがマルワリ種は、そのほか多数存在するアラブウマ由来のウマの一例にすぎない。実際、私たちのゲノムのデータによると、古代末期にヨーロッパ大陸にいたウマ、九世紀にバルト海沿岸でまだ見られたウマは、とりわけイスラム教徒のアラブ人の拡大とともに短期間で多くの変化をとげることになった。たとえば、七世紀から九世紀にクロアチアに埋められたウマは、それまでこの地域で見られなかったオリエントのウマとの遺伝的近縁性を示している。五世紀から一一世紀にかけて最盛期をむかえたビザンティン帝国の古い港の海岸で見つかった軍馬にも、同様のことが起こっている。私たちのデータによれば、アラブウマの影響は中央アジアやモンゴルにも見られ、一三世紀にチンギス・ハンの帝国が最盛期をむかえた時期のモンゴルに埋められたウマから、アラブウマの遺伝的痕跡が見つかっている。このような全体図を描いているのは私たちだけではない。ウィーン獣医大学のバーバラ・ワルナーも、オリエントのウマが近代のウマ生産に大きな影響を与えたことを論証している。

アラブの種馬の比類ない成功

しかしながら、バーバラに関心があるのは、私たちのようにゲノム全体ではなく、Y染色体という特別な染色体、より正確には、もうひとつの性染色体であるX染色体と決して組み換えが起こらない染色体の一部である。この部分はしばしば「Y染色体男性特異的」領域、MSY領域と呼ばれている。ここに男性生殖器を発生させる遺伝子があり、この遺伝子を持つ個体はつねに雄になるからである。バーバラのような遺伝学者にとって、この領域は非常に便利なもので、父親の系統をたどって父から息子へ、ウマの進化と家畜化のあとをたどることができる。「きみのY染色体を見せたまえ。父親が誰か言ってみせよう」というわけだ。つまり、アラブ種の雄ウマが歴史のある時点で先述したような成功を収め、世界のあちこちで在来種の雌ウマと交配したなら、バーバラは遺伝子のデータでそれを確認できるはずだ。そのような結合から生まれた子ウマはすべて、雄ウマが持っていたものと同じ型のMSY領域を持つことになるからだ。シンプルなだけに、これは強力な原理である。

しかし現在、こんにち生きている家畜ウマが動物界で例外的といえる存在であることがわかってきた。MSY領域の遺伝的多様性が最も小さい家畜だということである。世界の家畜ウマの雄は同じ型のY染色体を持つと思われていたほどだ。いまではシーケンシング技術がいちじるしい進歩をとげ、隠れた多様性が存在することがわかってきた。だがそれも、きわめて小さなものである。細部が変化したとしても、全体的な傾向は変わらない。ごくわずかな例外を除いて、現存するウマの品種の大半は、非常に近い型のMSY領域を持つだけでなく、アラブウマの直系、つまり父方の起源がオリエントの入口までさかのぼるイギリスのサラブレッド、北アフリカのバルブウマとその子孫であるイベリア・アンダルシアウマのいずれかから派生している。近い型でもまれに突然変異が生じることがある。そのような突然変異を用い、時間のなかで変異が出現するリズムがわかる分子時計の原理を適用して、この集団の起源は六世紀から一四世紀のあいだであると、バーバラは推定した。この年代は、この系統に特有のY染色体の様々なヴァージョンが最初に出現した時期と見て差し支えなかろう。要するに、それらすべてのウマの共通の祖先が生きていた最後の時期である。これは、九世紀、ヨーロッパの考古遺物に保存されていた家畜ウマの遺伝子の構成に大きな変化が生じた時期と完全に一致する。広義のオリエント産のウマ、とくにアラブウマが中世の生産者たちを魅了し、この時代からごく最近にいたるヨーロッパのウマ生産の推移に大きな影響を与えたのは、おおいにあり得ることである。そればかりか、影響の受け方が一様でなかったこともわかっている。アラブウマ、バルブウマ、アンダルシアウマのY染色体は、サラブレッドのもとになったウマとまったく同じではないからだ。アラブウマとサラブレッドの祖先は、どちらもオリエント産だが、三一組の常染色体全体に、はっきりした違いが見られる。生産者たちが歴史を通じて様々なオリエント産のウマからタネを得ていたことは明らかである。

優美さ、気品、持久力の追求

しかし、彼らは何を求めていたのだろうか。その点については依然としてほとんど謎であり、おもに私たちの研究によって、ようやくその謎が解けようとしている。私たちがとくに力を入れたのは、ササン朝ペルシア(三-七世紀)のウマの子孫――たとえばビザンティン(四-一五世紀)のウマ――とそれ以前にヨーロッパとアジアにいたウマとで最も異なるゲノムの領域を見つけることだった。この作業により、胚発生期に重要な役割を果たすという共通点を持つ遺伝子群を特定できた。それは、骨格形成に関与し、とりわけ様々な椎骨の種類と数を決定している遺伝子である。ほかのウマより腰椎がひとつ、肋骨がひと組少ないアラブウマがまれでないことを知れば、こうした新たな体の構造、おそらくより美的なシルエット――もちろん椎骨の数よりこちらのほうが重要である――を求めて、オリエント以外の生産者が自分のウマにアラブの血を入れようとしたのは、おおいにあり得るように思われる。

アラブウマが世界中で知られているのは、その特徴的なシルエットや自然な優美さとともに、並外れた持久力を持つからである。最もスタミナのあるウマは、一六〇キロメートルにもなる長距離耐久レースを戦う。レースのあいだに四回の休憩をとりながら、騎手を乗せたまま、平均時速二〇キロのペースで走り続ける。もちろんトレーニングをしているから、それが可能なのだが、この種のレースに適した生得的素質を持つことは確かだ。そのため、持久力の生理学的な謎を解こうとする遺伝学者にとって、アラブウマは恰好の研究対象になっている。フランス国立農業・食料・環境研究所（ＩＮＲＡＦ）の研究部長エリック・バレーは、そうした遺伝学者のひとりである。彼と仕事ができたことをとりわけありがたく思ったのは、私が古代アラブウマのゲノムの塩基配列を決定しようとしていたときだった。従来のように考古学の収蔵品を用いるのではなく、それとは別の素材を調べてみるよう、アイデアを出してくれたのが彼だった。それは軍事博物館のガラスケースの中にあった。最も有名な剝製のひとつがちょうど修復を終えたところで、左の尻に、皇帝の騎乗馬であることを示すマークが見える。王冠を戴いたN、ナポレオンのマークである。そう、それはまさしくナポレオンの愛馬ヴィジルだった。小さな白い斑紋のある葦毛の馬は、体高一・三五メートルほどと小柄だったが、皇帝のお気に入りの一頭で、プロシア相手のイエナの戦いで皇帝を騎乗させ、エルバ島とセント・ヘレナ島の流刑地にも同行した。このウマの毛を採取しに行った日ほど、エリックと私が歴史を身近に感じたことはなかった。人の手が入ったことがわからないよう、後脚の蹄のすぐ上、繋《つなぎ》［蹄とくるぶしの間］のくぼみから、毛を何本か採取した。私たちは最終的に、そのゲノムの特徴を明らかにしたが、それはまた別の話だ。持久力の生物学に戻ろう。

持久力の生物学

なぜなら、ウマが長距離を走り続けるには、様々な条件がそろう必要があるからだ。まず、筋肉を動かすのに必要なエネルギーをつくり出すため、生物は自らの蓄え——脂肪（トリグリセリド）と糖（グリコーゲン）——を取り崩し、細胞のエネルギー源に変えなければならない。それを補助するものとして、酸素を消費する代謝（有酸素代謝）と酸素を消費しない代謝（無酸素代謝）の二種類の代謝反応がある。しかし、筋線維を構成するすべての細胞がグリコーゲンを貯蔵するとしても、筋線維はどれも同じというわけではない。いわゆるⅠ型は比較的ゆっくり収縮するが、Ⅱ型はより速く収縮する。Ⅱ型の線維のなかにⅡA型があり、これはより多くの脂肪を蓄え、Ⅰ型の線維のように酸素を消費してエネルギーをつくり出すことができる。ⅡB型の線維はそれとは異なり、糖の無酸素代謝だけを行う。

並足で使われるのはおもにⅠ型のゆっくり収縮する線維で、生体は酸素を消費してエネルギーをつくり出す。しかしながら、速度が上がると、筋肉はより速く収縮する必要がある。速歩（トロット）では、ⅡA型の急速に収縮する線維がおもにこの仕事を行い、さらに有酸素代謝により、筋肉内の脂肪と糖からエネルギーをつくり出す。だが駆歩（ギャロップ）になり、さらに速度が上がると、有酸素代謝では追いつかなくなり、生体は無酸素代謝に頼らなければエネルギーを得ることができなくなる。つまり、ここからはⅡB型の急速に収縮する線維が使われるのである。それによって急速な収縮のリズムを保つのに必要なエネルギーがもたらされるが、細胞のpHが酸性になるという不都合が生じる。筋肉の運動にともなって乳酸がつくられるからだ。激しいスポーツをしている人ならご存じのように、乳酸が増えると筋肉が疲労し、スポーツのあとで筋肉痛になる。運動を続けると、当然ながらすべてのエネルギーをつくり出さなければならず、やがて乳酸ができる。速度はそれほどでなくても長く運動を続ければ、同じことである。

耐久レースに出るアラブウマの筋肉は、短距離競走馬の筋肉よりⅠタイプとⅡAタイプの線維の割合が多い。そのため、アラブ種の長距離競走馬は生まれつき、筋肉疲労のリスクのない有酸素代謝により、速歩のスピードで走り続けることができる。運動とトレーニングで線維のバランスを良好に保つことはできるし、ミトコンドリア（呼吸およびエネルギー生成を担う細胞小器官）の密度を高め、線維束の血管新生を促進することも可能である。こういったことが相まって筋肉の酸素供給が改善され、結果的に、筋肉を動かし続けても疲労しなくなる。アラブウマで大きく異なるのは、線維のバランスが自然に保たれていること。その能力が先天的に備わっていることだ。

だが、話はこれで終わらない。アラブウマのⅠ型線維はまた、生まれつき、SCL26A1タンパク質を大量に産生する。このタンパク質の仕事は、ⅡB型の線維中で遅かれ早かれ生成される乳酸を吸い上げ、別の筋線維へ流すことである。これには二重の利点がある。第一に、乳酸がⅡB型の線維に蓄積しないので、筋肉の疲労が低減される、ないしは筋肉が疲労するまでの時間を稼げることである。だが、Ⅰ型の線維にはSLC16A1など、乳酸と酸素からエネルギーをつくり出せる別のタンパク質も含まれているため、SCL26A1が働いたあと、細胞は再びエネルギーを回復し、もっと長く運動できるようになる。このようなエネルギーの回復は、この転換に必要なタンパク質のないⅡB型の線維では不可能である。結果的に、筋肉は全体としてそれほど疲労せず、同量の蓄えからより多くのエネルギーを回収できる。要するにウマは、運動したときその資源からより多くのエネルギーを得ることができる。ひと言でいえば、より持久力があるということだ。

さらに、SLC16A1タンパク質をコードしている遺伝子のたった一文字の突然変異が、スピードレースのチャンピオンになったアラブウマにとりわけ顕著に見られる。変異した結果、このタンパク質をより多く産生するようになるのであり、それらのチャンピオンが驚くべき力を発揮するのも、それで一部説明がつく。ほかの三〇億文字は変わらず、アラブウマのゲノムの特定の場所にある文字がAからGに変わるだけで、レースに勝つチャンスは格段に上がる。アラブ種の競走馬（ここでは短距離競走馬）

の生産者たちはそうと知らずに、この先天的な変異を持つウマを長い時間をかけて選抜し、アラブウマが伝説となるのに一役買ったのである。

もちろん、すべてがこの遺伝子の変異だけで説明がつくわけではない。そのほかにも多くの要因がかかわっており、エリック・バレーのような人々がそれを突き止めようとしてきた。たとえば、やはり遺伝子の一文字が変わるだけで、その産生物により筋線維が酸素を使って脂肪の蓄えを燃やし、運動に必要なエネルギーをつくり出せるようになるという突然変異がある。それはACOX1という遺伝子で、この遺伝子の特定の部位にTを持つウマは、Gを持つウマよりスピードレースで平均して高い勝率を上げている。Gを持つウマは耐久レースに向いており、アラビアの砂漠のような困難な環境条件で生きるのにより適している。ACTN3という遺伝子とその産生物も、筋線維が素早く収縮する生理現象で鍵となる役割を果たしている。ここでもピンポイントの突然変異により――CではなくT――おおむね、生まれながらにして優れた耐久力を持つようになる。

スピードレースと耐久レースのパフォーマンスを比較し、あるいは走る前とあとの生理的状態を測定するなどして研究が進むにつれ、アラブウマの資質を説明する遺伝的要因のリストはどんどん長くなっている。たとえば、長距離を走る際に脂肪の代謝をよくする要因がある。しかしそれは必ずしも、ピンポイントの突然変異によるものではない。多くの遺伝子が変化することによってそうなる場合もある。そのような変化全体が、筋線維中の遺伝子の発現の仕方を変えている。つまり、それによって生物の行動が変わってしまうのである。また、脳のいくつかの神経細胞に直接作用する変化もある。それはおそらく、ハイレベルのアスリートの戦う意欲をつくっている複雑なプロセスにかかわるのだろう。レースに勝つには足だけでなく頭も使うことを、彼らはよく知っている。しかし、そうした遺伝子の要因は動物のパフォーマンスに別々に作用しており、ひとつひとつの貢献度はごく小さい。つまり、どんなに高性能の機器を使っても、かなりの数の動物を調べない限り、それを突き止めるのは難しいということだ。技術の進歩は目覚ましく、アラブウマの生物学的秘密のいくつかは明らかになったが、その複雑さと精緻さゆえに謎が解けないものもある。したがって伝説の一部は現在も謎のままである。

遺伝子のメダルの裏側

アラブウマとともに、ウマ生産の歴史にこの上なく美しい動物が登場した。それは地球上で最も持久力のある動物のひとつでもあった。これは歴史の輝かしい面である。しかしメダルには裏側がある。アラブウマにはいくつかの遺伝性症候群があり、それを発症するウマはときに、きわめて憂慮すべき割合にのぼることがある。そのうちいくつかはアラブウマだけでなく、ほかの品種のウマも罹る。いっぽう、アラブウマに特有の疾患もあり、最終的に死に至ることも少なくない。たとえば重症複合免疫不全症候群、英語の略語ＳＣＩＤで知られる疾患は、両親に病気の徴候がまったく見られなくても、生まれた子ウマに現われることがある。生まれたばかりの子ウマは外見上、まったく正常だが、その体内では、Ｂリンパ球（Ｂ細胞）とＴリンパ球（Ｔ細胞）という二種類の白血球が生成されない。このふたつのリンパ球は、ウイルスや細菌の感染に対処する際に欠かすことができない。そのため、子ウマが健康でいられるのは、妊娠中に母親から伝えられた免疫（獲得免疫という）の蓄えが尽きるまでであり、それは一か月から三か月程度である。だがやがて、その免疫も尽き、自分でリンパ球や免疫をつくることもできない。そうなると、細菌やウイルスに感染しやすくなる。子ウマは長く生きられず、獣医がどんなに手を尽くしても、平均して半年ぐらいしかもたない。

この病気を引き起こす突然変異はこんにち、明らかになっている。それはDNA－PKという、ゲノムを完全な状態に保つのに不可欠な酵素をコードしている遺伝子にかかわるものである。この遺伝子の産生物つまり酵素は、とりわけ、Bリンパ球による新しいタイプの抗体の形成にともなってゲノムが修正される重要な段階に関与する。この酵素が欠けていると、当然ながら、それらの細胞の発生に問題を引き起こし、自らの抗体をつくることができなくなる。この遺伝子の突然変異は、欠失によってたった五文字、遺伝子のサイズが短くなるというものである。問題はこの欠失が起こる場所で、それは、酵素が活性化するのに決定的に重要なモジュールをコードしている領域に相当する。この場所の五文字が欠けていると、遺伝情報のあるテキストは、枠がずれたような状態になる。その遺伝子コードは三文字の倍数で機能するので、これはきわめて重大な事態である。五文字は三の倍数ではないからだ。したがって、この突然変異から産生される酵素は通常の酵素とまったく異なり、より不安定で、なにより正常に機能しない。欠陥のある遺伝子のヴァージョンをひとつ（たとえば父から伝えられる）持つ個体では、ふたつ目の正常なヴァージョン（母から伝えられる）はそのまま機能するので、通常の酵素をつくることができる。その個体は病気を発症せず、突然変異はいわゆる劣性である。だが、欠陥のあるヴァージョンをふたつ持つ個体は（未発症保有者である両親からひとつずつ伝えられる）、まったく救いようがない。最終的に死ぬ運命にある。

楽観的だが透徹した見方

遺伝子検査が進歩したことから、生産者たちは、健康だがこの突然変異を持つ個体を見つけ、別の健康なウマと交配させないようにすることができる。遺伝子検査がなければ、生まれた子ウマの四頭に一頭が確実にこの疾患に罹るだろう。二頭に一頭が未発症保有者で、疾患の原因となる変異を持たないのは四頭に一頭にすぎない。遺伝子検査が増加するに従い、この問題の広がりが明らかになってきた。アメリカで生産されるアラブウマの集団だけで、一〇頭につき一頭近くがこの変異を保有していた（四頭に一頭がこの欠陥遺伝子のヴァージョンを持つという説もある）。遺伝子検査が必要とされるのは、この動物の歴史的過去を知るためだけではない。現在でも、ウマに不必要な苦痛を与えず、将来の健康条件を改善するのに役立っているのである。

この点については楽観的な見方ができる。別の遺伝子検査により、アラブウマが罹る別の遺伝性症候群の原因となる突然変異が見つかっているからである。いわゆる子ウマのラベンダー症候群がその一例である。この劣性の突然変異では、ＭＹＯ５Ａという遺伝子の一文字が欠けていることにより、筋肉が完全に麻痺する。この疾患に罹った動物は生まれつき無力で、立ち上がることができず、とくに激しい発作が起きるとてんかんになる。そのような子ウマは安楽死させなければならない。症状が改善するチャンスはまったくないからである。とはいえ、このような変異がよく見られるのはエジプト産のアラブウマで、一〇頭につき一頭以上が発症する。生産者の評価が高い雄ウマもそれを免れない。ほかにも、これと同じくらい深刻な症候群がアラブウマを脅かしている。たとえば小脳の萎縮によって平衡感覚に重大な障害が生じ、事故のリスクが高くなる。幸いなことに、生産者たちはこれにも遺伝子検査を活用できる。

しかしながら、遺伝子検査がいつでも可能になり、回数が増えれば、あっというまにすべてが解決し、地球上から不都合な突然変異が一掃されると考えるのは、大きな間違いだろう。ＨＹＰＰ症候群の事例がそれを示している。病気に罹るのはアラブウマではなく、アメリカン・クオーターホースだが、この遺伝性疾患について少し考えてみよう。というのも、この疾患を通じて、遺伝子検査の根本的な限界のひとつが理解できるからである。ＨＹＰＰつまり高カリウム性周期性四肢麻痺症候群は、実のところ、ウマでその原因が解明された最初の遺伝性疾患で、遺伝子の突然変異が特定されたのは一九九二年のことである。ＳＣＩＤ、子ウマのラベンダー症候群とは異なり、この突然変異に未発症保有者は存在しない。これはいわゆる共優性［対立遺伝子の形質が表現において優劣を持たず、ともに表現されること］の突然変異である。ただ、欠陥のあるヴァージョンをふたつ持つ個体（ホモ接合体という）のほうが、ひとつしか持たない個体より症状が重くなり、そのような遺伝子を持つウマ（つまりホモ接合系統）の三頭に二頭は五歳までに死んでしまう。遺伝子検査は行われているし、不都合な変異を保有するホモ接合体のウマをクオーターホースの血統表に記載する、つまり正規のクオーターホースとして売ることが禁じられているにもかかわらず、この集団にはかってないほど変異が広まっている。その頻度は一九九二年に二〇％を超える程度だったが、現在では五〇％を超えているのである。その間に生産者たちは、カリウムの少ない餌を与えると変異を保有するウマの生存条件がかなり改善されることに気づいた。それは病気の脅威をほとんど忘れさせるほどだったが、リスクを完全に排除することはできなかった。ところで、その容姿がコンクール審査員の美的好みに合うウマは、そうでないウマより変異を保有していることが多い。つまり、変異の保有者であるウマはコンクールの受賞リストに載るため、繁殖馬に選ばれることが多いようなのである。こうして悪循環が始まった。そのようなウマが保有する変異は明らかに有利となり、この集団に徐々に広まった可能性がある。新しい餌のおかげで発症リスクが低下したからなおさらである。歴史の皮肉と言おうか、もともとアメリカン・クオーターホースに変異が広がるのを防ぐために開発された遺伝子検査が、こんにち、飼育するウマの中から前もって優勝の可能性の高いウマを見つけようとする不心得な生産者たちを利することになっているようなのだ。

この変異はアラブウマと関係ないが、根本的な原理がこれにかかわっていることがよくわかる。すなわち生産である。生産第一主義が予想もつかない事態を引き起こすことがある。ゲノム研究がアラブウマの将来に役立つとしても、テクノロジーだけで万事解決するわけでないことも心得ておくべきである。この点に関して、深刻な病気の原因になる突然変異がすべて判明しているわけでないことも、頭に入れておいたほうがよい。たとえばアラブウマでは、若いウマのてんかん症候群を引き起こす遺伝子の欠陥が何であるか、いまのところまったくの謎である。この集団には一連の有害な突然変異が存在するが、それらがすべて、これまで述べてきた変異ほど健康に大きな影響を与えるわけではない。個々の影響は小さくても、ひとつまたひとつと積み重なって集合体となり、最終的にウマの寿命を縮め、生殖能力を低下させるのかもしれない。そのため、ある個体のゲノムにいくつかの突然変異がないことを確認するだけでは、ウマの健康や将来の生活を保証できない。遺伝的荷重全体——つまりゲノムに存在する有害な突然変異の総体——を知ることで、この問題について考えることが可能になり、ひいては生産者たちが正しく選択できるようになるのである。

荷重としての遺伝とその歴史

こうしたアプローチに原則的に同意するとしても、それを実行するには非常に大きな困難がともなう。第一に、ある変異が有害か有害でないか、前もってわからない。個々の影響はごく小さいと推測されることを思い出そう。多くの場合、個別に測定するには小さすぎる。さらに、生物学的現象全体にかかわるかもしれないので、線引きが困難である。どこから始めるのか、何を測定したらよいのかもほとんどわからない。袋小路に入ってしまうのを避けるために私たちが考えたのは、進化を手がかりにすることだった。進化には何らかの手がかりが残されているので、それを基本に考えるのである。もし突然変異に悪い影響があり、真に有害なものなら、生きている動物の世界でそうたびたび現われるはずがない。当然のことながら、変異を有する個体は生き延びて繁殖するチャンス、つまりその変異を世代から世代へ伝えるチャンスは少ない。以上証明終わり《CQFD》。したがって、動物に対する影響を直接測定しなくても、あるウマが持つ変異が有害となるリスクを評価することは可能である。ほかの哺乳類すべてが同一の文字を持つゲノムの場所にかかわるなら、その変異はなおさら有害である。数としてはごくわずかでも、個体のゲノムに存在する変異を調べ、進化から予想できるリスクを加え、その遺伝的荷重を測定すればよいのである。

　私たちはこのシンプルな原理を、現在生きているウマと少し前まで生きていたウマに適用することにした。私たちが確認した事実は異論の余地のないものである。ウマの飼育者たちは四〇〇〇年近くにわたり、ほとんど切れ目なく、そうした遺伝的荷重を維持することに成功していた。つまり、ウマの健康といわば遺伝的幸福度は、ずっと変わらず、悪化しなかったということだ。だが、一八世紀あたりから状況は一変し、どのゲノムにも存在する有害な変異の割合が著しく増加する。私たちは実際、二世紀足らずのあいだに、タンパク質をコードしている遺伝子の部位で欠陥のある変異の割合が約四%、遺伝子間の領域で約一%増加したのを測定した。ウマがその歴史を通じて最も厄介な代償を支払うことになったのは、ウマが家畜化されたときでも、その後のおよそ四〇〇〇年間でもなく、この二世紀間のことである。つまり、閉ざされた集団をつくる近代の生産方式により、私たちがこんにち知っているウマ産業に適した品種ができ上がったわけだが、その副作用として、欠陥のある変異がより多く、各個体のゲノムに集積することになったのである。いわゆる「家畜化の代償」仮説はそれ自体、家畜化の当初からこのような現象が始まっていたことを前提としているので、全面的に見直す必要がある。非難すべきは家畜化そのものではなく、近代化である。

もちろん、ほかの品種より高い代償を払った品種がある。従来の牽引用品種は二〇世紀中にほとんど使われなくなった。それに比べてアラブウマの被害は小さかったように見えるし、それを喜ぶことができる。遺伝的多様性の源泉がイランやバーレーン、シリア、チュニジアのアラブウマにあることがわかってきただけに、なおさら喜ばしい。そこには利用可能な遺伝子プールがあり、こんにちまで表舞台に立っている集団の血は、そこに新しい血を見出し、それらの品種にとっての幸福な未来を追求できるのである。

第8章　中世のウマ

ウマ、教会、テキストとイメージ

「すると、火のように赤い別の馬が現われた。その馬に乗っている者には、地上から平和を奪い取って、殺し合いをさせる力が与えられた。また、この者には大きな剣が与えられた」。火のように赤い色とは栗色のことである。黙示録の四人の騎手のうち第二の騎手が乗っていたのは栗毛のウマだった。彼は第一の大きな災厄、戦争をもたらす。黒いウマに乗った第三の騎手は戦争と同じくらい恐ろしい災厄、飢《き》饉《きん》を蔓延《まんえん》させる。最後のウマは死人のように青白い色をしている。「乗っている者の名は『死』」という。つまりこれは、最後の大きな災厄である死の化身である。そこへイエス・キリスト、福音を伝える者が現われ、災厄をもたらす騎手たちに勝利を収める。イエス・キリストが乗るウマは栗色でも黒色でも青白い色でもない。白いウマである。

新約聖書のヨハネの黙示録に描かれるこの場面については、古代から中世を通じて様々な解釈がなされてきた。どのように解釈されようと、私たちにとって明らかなことがある。その時代に、白毛のウマはこう、栗毛のウマはこう、黒毛のウマはこうと、聖書に描かれた形で認識されていたわけではないことである。少なくとも、キリスト教が支配していた旧世界のこの地域ではそうだった。とはいえ、当時の飼育者たちも新たな世代のウマを世に送るとき、まっさきに毛色を気にしたのではないだろうか。買い手も淡い毛色のウマをペストのように忌み嫌い、戦争に出かけるときは栗毛のウマに乗ったのではないか。黒毛のウマはまったく人気がなかったのだろうか。いずれにせよ、教会が絶大な影響力を持っていたにもかかわらず、黙示録とは関係なく、それぞれ好みのウマに乗っていた可能性があるからだ。ヘースティングズの戦い［ノルマンディー公ウィリアムのイングランド征服の際の戦闘］からほどなくして制作されたバイユーのタペストリーに描かれたノルマンの騎士たちは、ほとんどありとあらゆる色のウマに乗っていなかっただろうか？　そもそも、中世のウマとはどのようなウマで、ウマについてどのように考えられていたのだろうか？

聖書の各種のテキストでは四頭のウマの色はほとんど変わらないが、その描き方にはいくつかのヴァリエーションがある。たとえば、一〇四七年にスペイン王に献上された『ベアトゥス黙示録註解ファクンドゥス写本』の細密画（ミニアチュール）では、キリストのウマは白というより斑毛《ぶちげ》に見えるし、戦争のウマは栗毛にしては青白く、ほとんど川原毛［灰黄色］と言ってよい。その四年後に制作された『ベアトゥス黙示録註解オスマ写本』では、四頭のウマは再びより標準的な色になった。同じ場面、同じ主題でも、描かれる色は様々である。細密画や絵画、つまりグラフィック・アートの語る歴史が、当時の流行や様式の約束事の影響を免れることは滅多にない。この種の資料をもとにかつて生きていた動物を推測するのは、芸術家の選択、物語の制約、時代のイデオロギー的文脈によってデフォルメされた現実を真に受けるリスクを冒すことになる。バイユーのタペストリーにおいて、イングランド人は徒歩でノルマン人は騎乗しているのは、戦闘に突入した両陣営の兵士を一目で見分けられるようにするためである。一〇六六年一〇月一四日のその日、ノルマン側にも多数の歩兵がいたことは歴史的事実だが、ノルマンの歩兵を加えると戦闘場面が複雑になり、どちらの兵士か読み取るのが難しくなるだろう。

絵画を補い、もっと正確な知識を得るには、やはりテキストを検討する必要がある。たとえば武勲詩や、より現実的なものでは、王の財政をまかなう宮廷費や商取引を記録したものがそうだ。たとえば、英国立古文書館の至宝『ノルマンディー公領最高法院文書』には、一二九四年から一三六一年まで毎年、イギリス南部のオディハム城をはじめとする各地の城で王室が購入したウマの頭数、年齢、毛色が一覧表の形で記載されている。しかしながらこの種の文書は、修道院や大聖堂の財産に関する行政文書を一冊にまとめた台帳と同じく、それほど一般的なものではない。あらゆる時代をカバーしているわけではなく、社会の上のほうだけ見ているにすぎない。つまりそれは、社会全体を扱っておらず、その複雑さがつぶさに記されているわけでもない。そこでベルリン動物園・野生動物研究所（ＩＺＷ）のアルネ・ルートヴィヒ教授は、別の方法を考えた。

中世のウマの毛色のＤＮＡ

私がアルネと初めて会ったのはスイスのバーゼルだった。ふたりとも、二年おきに世界各地で開かれる分子考古学の国際会議に参加していた。それは六回目の会議で、二〇一四年夏の終わり頃のことだった。私は、現代の家畜ウマの祖先でもプルジェワリスキーウマの祖先でもない、未知のウマの存在に関する最新の発見をプレゼンするためにやって来た。レナ川のウマなど、先史時代のウマの新しい系統については第5章で取り上げた。だが、私がバーゼルにやって来たのは、アルネに会えるのではと期待したからだ。数年前から彼の研究に注目していたのは、初めてDNAを使って古代ウマの毛色を突き止めたからである。彼はそのための技術も開発していた。次世代シーケンサーでゲノム全体にアクセスできるようになる以前のことである。その原理は非常にシンプルな考えに基づいていた。ゲノムの特定の個所に的を定め、塩基配列に含まれる情報を読むのに十分な数になるまで複写するのである。私たちは多くの場合、ミイラ、つまり毛や皮膚といったものが手に入らず、骨格だけで塩基配列を決定しなければならないが、この技術により、利用可能なDNAが十分になくても動物の色を推定できるようになった。理由は簡単だ。DNAは体のどの細胞でも同じだからである。つまり骨や歯を通して、私たちには見ることができないと思われていた皮膚や毛並みが見えるようになる。それは画期的なことだった。

実際に鹿毛《かげ》［赤褐色の毛色でたてがみ、尾、四肢の下部が黒い］や黒毛、栗毛を出現させる遺伝子の指令コードが判明している。それは、ASIPとMC1Rというたったふたつの遺伝子がもたらす情報に基づいている。このふたつの遺伝子は、ウマの個体群にいくつかのヴァージョンで自然に存在することがある。ASIP遺伝子のヴァージョンのひとつは、それ以外のヴァージョンより一文字短い（文字が失われる突然変異を欠失という）。いっぽうMC1R遺伝子のヴァージョンは、それぞれ一文字しか違わない（このような突然変異を置換という）。ここでとくに興味深いのは、MC1R遺伝子のふたつの変異ヴァージョンである。そのいずれかを持つウマは、つねに栗毛になる。MC1R遺伝子にこの二文字があるかどうかわかれば、そのウマの毛並みが栗色かどうか知ることができる。ゲノムに存在する何十億もの文字の配列を調べる必要はない。これなら簡単である。

しかしながら、そこには何の魔法もない。MC1R遺伝子の変異ヴァージョンは、結果的に、メラノサイトという細胞の働きを阻害する。この細胞はもっぱら皮膚の色素を生成しており、メラノコルチンと呼ばれるホルモンを活性化して通常は黒い色素をつくる。細胞が持つＭＣ１Ｒ遺伝子のヴァージョンによってメラノコルチンが不活性化すると、メラノサイトはこのホルモンが伝達するシグナルを出すことができなくなる。メラニンが欠乏することによってできる色素である赤以外の色素をつくらないのである（学術用語でフェオメラニンという）。そのためウマは、黙示録でいう「火のように赤い色」、つまり栗色になる。そして栗毛のウマ同士を交配させると、当然ながら、つねに両親と同じタイプのウマが生まれる。両親のいずれもがＭＣ１Ｒ遺伝子の変異ヴァージョンしかも持たないので、それしか子どもに伝えることができない。両親の双方が同じ突然変異を伝えるか、それぞれ異なる変異ヴァージョンを伝えるかは関係ない。その子ウマが持つふたつの遺伝子はつねに変異ヴァージョンである。

しかしながら、栗毛でないウマ同士を交配させると、もっと様々な色のウマができる。もちろん、両親がＭＣ１Ｒ遺伝子の変異ヴァージョンをひとつしか持たなければ、平均して四頭に一頭が栗毛になる。それればかりか、ほかにも鹿毛《かげ》や黒毛のウマが生まれることがある。それにはＡＳＩＰ遺伝子の変異ヴァージョン、上述した一一文字短いヴァージョンが関与している。ＡＳＩＰ遺伝子が産生するタンパク質は通常、メラノコルチンの部位にあり、それが活性化するのを妨げている。このタンパク質が産生されるところ、つまりたてがみ、尾、四肢の先端を除くすべてのメラノサイトでは、メラノコルチンは作用せず、黒い色素はつくられない。したがってそのウマは、体のほとんどが赤褐色の色素の毛並みになるが、たてがみと尾、四肢の下部だけは黒い色素（ユーメラニン）の毛並みになる。正常なヴァージョンのＡＳＩＰ遺伝子を少なくともひとつ持っていれば、鹿毛のウマになる。この遺伝子が産生するタンパク質が、たてがみと尾と四肢でメラノコルチンが作用するのを妨げるからである。いっぽう、欠失ヴァージョンの遺伝子をふたつ持つと、ＡＳＩＰタンパク質がメラノコルチンに取って代わることがない。そうなるとホルモンは問題なく作用し、たてがみや尾、四肢の下部を含めて全身のメラノサイトが黒い色素をつくるようになる。つまり、ＡＳＩＰ遺伝子の欠失ヴァージョンをふたつ持っていれば黒毛のウマになり、逆のケースで、ＭＣ１Ｒ遺伝子の変異ヴァージョンをふたつ持っていなければ鹿毛になる（持っている場合は栗毛になる）。

ここで指摘すべきは、古代ウマが持つふたつの遺伝子がどの型なのか塩基配列を調べれば、その生物学的影響に関する知識だけで、少なくとも鹿毛、黒毛、栗毛については毛並みの色がわかることだ。これこそ、アルネのアイデアの基本原理だった。彼のバイオテクノロジーは、ＡＳＩＰとＭＣ１Ｒといういわばスイッチの役割をする遺伝子から成っていた。両者が連携した作用により、生成される色素の性質と出現する場所が決まるのである。

彼のアイデアがもっと細かい部分に使えるのか、知る必要があった。というのも、彼の原理は実のところ、かなり幅の広い突然変異に対するもので、ほかの色にも当てはまるのか疑問に思っていたからだ。ＭＣ１Ｒ遺伝子に作用し、これまで見てきたものとは異なるヴァージョンを導く突然変異があるかもしれない。とりわけ気になるのは、ウマの毛並みに様々なニュアンスの白を出現させる突然変異である。また、先述したＴＲＰＭ１遺伝子のような別の遺伝子に作用し、斑紋のあるウマを出現させる突然変異があるかもしれない。補助的なスイッチとして毛色や斑紋を変え、プルジェワリスキーウマに見られるように四肢の下部やたてがみを黒くする遺伝子は、ほかにもたくさん存在する。生物学的メカニズムを細部にわたって作用させることができるのは、遺伝子だけである。結局のところ、原理はやはり同じである。塩基配列が決定されれば、それぞれのゲノムが持つ遺伝子型により、昔のウマがどのようなものだったか推測できるということだ。そこでアルネに、私たちの研究に参加し、ふたりが集めたウマのサンプルにこの原理を適用してみないかと提案した。ありがたいことに彼は快諾し、それが、こんにちまで続く協力関係の始まりとなった。私たちが最初に彼と同じ手法——限られた数の遺伝子に的を絞る——を採用していたとしても、あるいはゲノム全体の性質を明らかにしようとしたとしても、毛並みの色を推論するには、それらの遺伝子を個別に調べることになっただろう。

ヴァイキングのウマはどのようなものだったか?

私たちはまず、二〇〇頭以上のウマについてこの種の検査を行った。その結果、クリーム色のような淡い色調の毛並み、あるいは葦毛のような斑紋のある毛並みは、古代末の西暦五世紀以降、はっきりと後退したことが明らかになった。単色の毛並み、とくに鹿毛、黒毛、栗毛が、福音書では不吉な色とされたにもかかわらず、中世を通じて人気を獲得していった。要するに長期的には、時代によって好みが変化し、中世になると、斑紋のあるウマはもはや、それほど人気がなかったようなのである。その最盛期はむしろ、それより二〇〇〇年近く前の青銅器時代初期だった。だが、この過程で、私たちのデータに異常な点があるのに気づいた。塩基配列を調べた二一頭のアイスランドウマのうち、斑紋のある葦毛に関連した突然変異を持つものはまったくなかったのである。ほかの多くのウマと同様、アイスランドウマに現在葦毛が比較的よく見られることを考えると、これは驚くべきことである。アイスランド語の語彙に葦毛を示す言葉が一〇〇以上あるのだから、なおさらである。これは、ヴァイキングがこの島に持ち込んだ最初のウマに葦毛とその根底にある突然変異がきわめて少なかったことを意味するのかもしれない。その場合、遺伝子頻度は統計的に数%もなかった可能性がある。葦毛が人気を獲得したのは、後世に流行が変化したからだと思われる。九八二年以降、この島では法令でウマの輸入が禁じられたが、思ったほど効果がなかったようだ。葦毛のウマは密輸によりアイスランドに入ったと考えられる。

ヴァイキングのウマはもうひとつ、興味深い性質を持っていた。こちらは色ではなく、歩法にかかわるものである。実のところ、私とアルネはＡＳＩＰとＭＣ１Ｒの遺伝子を選別するのに加え、ＤＭＲＴ３という遺伝子も綿密に調べることにしていた。実際には、この遺伝子全体というより、この遺伝子の特定の部位にあるたった一文字の突然変異に関心があった。二〇一二年に、この変異が発生過程に重大な影響を及ぼし、脊髄にある一部の神経細胞の位置が変わってしまうことが発見された。どの神経細胞でもそうなるわけではない。運動ニューロン、つまりある種の筋肉に収縮ないしは弛緩したままでいるよう指令を出しているニューロンに、自らの神経終末を直接接合している神経細胞（ニューロン）である。運動ニューロンは、体の同じ側の筋肉ないしは反対側の筋肉にも指令を出している。あとで見るように、これは重要な意味を持つ。ＤＭＲＴ３遺伝子を完全に欠損した実験用マウスでは、そうした神経細胞（ニューロン）の数は正常なマウスとまったく同じではなく、まったく同じ個所で接合するわけでもない。言い換えれば、それらのニューロンと運動ニューロン、そして運動ニューロンが制御している筋肉を結ぶ配線が、微妙に変わってしまうのである。ごくわずかな違いでも、この変化は動物、とくにその運動に重大な影響を及ぼす。

たとえば、ＤＭＲＴ３遺伝子に欠陥のあるマウスをベルトコンベヤーに載せると、速度を上げて走り続けるのが困難になる。その動きを詳しく分析すると、正常なマウス（遺伝子に欠陥のないことを示すため、遺伝学者は野生型マウスと言っている）と歩幅がまったく同じでないのに気づく。実際に四肢を前に出したり伸ばしたりするのにより時間がかかるため、歩幅は平均してより長くなる。さらに驚くべきことに、右足と左足の動きは完全に同調しなくなっており、通常は右足と左足をスムーズに伸ばしたり曲げたりできるのに、それが混乱しているように見える。つまり、ＤＭＲＴ３遺伝子に欠陥のあるマウスは、四肢の動きを前後左右で連携させるのが難しくなるようである。

しかし、ＤＭＲＴ３遺伝子を阻害し、この遺伝子の生成過程を短縮する突然変異が存在する。この変異はとくに、特別なカテゴリーのウマ、生まれつきの側対歩馬（アンブラー）でよく見られる。アイスランドウマ、コロンビアやペルーのパソフィノウマがそうで、速歩（トロット）や駆歩（ギャロップ）のような単純なものに加えて、それとは別の歩法で進むことができる。正確には側対歩（アンブル）である。それは二拍子のトロットのようなものだが、同じ側の足を同時に上げて前進するあいだ、反対側の足は地面についたままである。側対歩が側面の動きであるのに対し（同じ側の足を上げて前進する）、トロットは対角の動きである。トロットは左前足と右後ろ足を同時に上げて進んでから、右前足と左後ろ足を上げて進む。ＤＭＲＴ３遺伝子の突然変異をふたつ持つウマは、生まれつき側対歩で進むことができる。この歩法にはふたつの利点がある。ひとつ目は、軽速歩のように一歩ごとに重心が上下しないので、騎乗がきわめて安定すること。ふたつ目は、ギャロップでなくても、かなりのスピードで移動できることである。

正確に言えば、変異をふたつ持つウマはすべて側対歩になるわけではない。たとえばアメリカの標準競走馬はＤＭＲＴ３遺伝子の変異ヴァージョンしか持たない。しかしこの集団は、速歩のウマと側対歩のウマに分かれており、ふたつのカテゴリーが同じレースで競うことはない。スウェーデンの標準競走馬やフランスのトロッター［速歩向きのウマ］にも、ふたつのヴァージョンが存在するが、変異ヴァージョンを持つウマのほうがレースの成績はよい。要するに、ニューロンとその接合に影響を与える突然変異によって側対歩になるが、この変異があるからといって必ず側対歩になるわけではない。この変異があると速歩はより速くなり、騎乗はより快適になる。

古代ウマに話を戻そう。どのウマがＤＭＲＴ３遺伝子の突然変異を持つのだろうか？　それはまさしくヴァイキングのウマ、というよりむしろ、私たちが遺伝子を解析できた一五頭のうちの一二頭である。つまり、ヴァイキングは生まれつきの側対歩馬（この突然変異を持つウマ一〇頭中七頭が同種の変異をふたつ持つ）をとくに高く評価していたようで、ヴァイキングの英雄たちの偉業とアイスランド植民の始まりを語る『アイスランドサガ』にも、そのことがうかがえる。そこから、道なき道を行く環境ではこのようなウマが好まれたと考えても、間違いではなさそうだ。いずれにせよ、骨と歯を通して、さらに塩基配列を調べることにより、考古学者が復元できない動く動物の姿を捉えることができるようになった。なぜなら、遺伝子は死んだ痕跡ではないからだ。それは、動物の機能的性質やその行動に関する情報をもたらす。それによって、動物に再び命を与えることができるのである。

ヴァイキングからチンギス・ハンへ

しかしながら私たちの分析は、その突然変異がアイスランドで出現したわけでないことを示していた。八五〇年から九〇〇年にかけてヨーク周辺に暮らしていたイギリスのウマに、すでにこの変異が見られるのである。つまりヴァイキングは、度重なるブリテン島襲撃のひとつで彼らの守り神たるウマを手に入れ、その後アイスランドに持ち込んだ可能性がある。私たちの別の調査で性質が明らかになったアイスランドウマのゲノムは、シェトランド諸島のポニーやイギリス南西部に位置するデヴォン州ダートムーアの花崗岩質の荒れ地に棲むウマと非常に近い。しかし別のシナリオも考えられる。この突然変異は彼らの母国スカンディナヴィアの地に出現し、ヴァイキングがブリテン諸島に持ち込み、彼らのウマと現地のウマが交雑したのかもしれない。要するに、まだ核心に至っていないということだ。スウェーデンとノルウェーで私たちが分析したヴァイキングのウマの数は、いまのところ、問題の決着をつけるには少なすぎる。しかし、ひとつ確かなことがある。DMRT3遺伝子の変異ヴァージョンは徐々に世界各地に広まっていったということだ。私たちはすでに、一三世紀モンゴルのタバントルゴイ遺跡で、チンギス・ハンの時代にさかのぼるウマからそれを見つけている。ヴァイキングはカスピ海まで到達した東方遠征のひとつ、ないしはその後の遠征により、ほかに例のないこの変異の分布域を広めることができたのである。

最後に、ヴァイキングに関してDNAからわかったことがもうひとつある。スカンディナヴィアと同じくアイスランドでも、彼らはあらゆるウマをワルハラへの死の道連れとしたが、そのほぼすべてが雄ウマだった。父権制の支配を確実なものにするためだろうか（サガで人を雌ウマ扱いするのは侮辱になる）？　ファルスのシンボルを通じて生殖力を向上させようとしたのか？　それとも、ふたつの性のうち生命をはらむことのできない性を犠牲に捧げることで、豊穣を願おうとしたのか？　いずれにせよ、ウマの犠牲がヴァイキングの文化の構成要素になっていたことは明らかである。それは儀式化され、脚色され、演劇化されていた。おおむね五歳から一五歳の成熟したウマが選ばれ、鞍と綱をつけられ、頭を一撃されてから喉を切られた。二〇リットルもの血が噴き出す光景を目にして、同じ共同体に属しているという思いを強めたことだろう。その点で、犠牲は死者の領域のみにかかわるものではない。死者の霊をあの世へ導く――死者とともに最後の旅をする――役割以外に、すぐれて政治的な役割を持ち、集団を結束させるのに役立った。つまり、生者の領域にもかかわっていたのである。

中世の軍馬の姿

鉄の馬鎧をつけ、甲冑に身を固めた勇ましい騎士を乗せた巨大な軍馬。それは牽引用のウマ、おそらくイギリスのシャイア種かフランスのペルシュロン種のウマだろう。いずれにせよ、馬力はゆうに一トンを超え、体高〔肩上までの高さ〕は一・八〇メートルにもなる。中世の騎士がよく描かれる昔の版画に、このような軍馬が登場する。これならば、騎士とその武具一式の重みに平然と耐え、かつ、騎士はより高い位置で戦える。騎士が剣をふるって歩兵と戦うには、歩兵より高い位置でなければならない。しかし、「軍馬（デストリエ）」と呼ばれるウマが実際にどのくらい大きかったのか、歴史研究者のあいだでずっと論争になってきた。中世の言葉は一般に考えられているほど厳密なものとは限らないからだ。中世のウマは、畜産的な意味での品種つまり規格化された身体的性質より、用途で示されることが多かった。たとえば、騎士や兵士の評価が高いデストリエとともに、より軽く足の速いウマとして「クルジエ」や「ロンサン」が登場することがある。だが、よく考えてみると、体の小さいウマに乗ることは、巨大な馬に乗るより何かと都合がよかったのではないか。地面に降りやすいし、必要に応じて再び騎乗するのも簡単だ。バイユーのタペストリーに描かれた騎士を思い起こしていただきたい。騎乗馬に比べ、騎士はそれほど小さく見えない。むしろその反対である。いったいどういうことだろうか？　中世の戦闘用のウマ、伝説の騎士の最も忠実な相棒は、巨大なウマだったのか、やせ馬（グランガレ）だったのか？　アーサー王伝説に登場するサー・ガウェインの騎乗馬の名は「グランガレ」ではなかったか？　サー・ガウェインは聖杯の探求には失敗したが、それでもおそらく、円卓の騎士のなかで最も礼儀正しく、非の打ち所のない、象徴的な騎士とされている。そして、憂い顔の騎士ドン・キホーテは「ロシナンテ」、つまりロンサンに乗っていたではないか？　しかし、セルバンテスのドン・キホーテが騎士道の理想のパロディだったことも忘れてはならない。これをいったいどう考えたらよいのだろうか？「中世初期のデストリエは当時としては大きかっただろうが、現代の基準では小さく見えるだろう」。二〇二二年初めにアラン・アウトラムがメディアでこう発表したことから、この論争に決着がついたようだ。アランはボタイウマの世界的権威のひとりだが（第2章を参照）、母国イギリスのウマについても熱心に研究している。同じくエクセター大学のオリヴァー・クライトン教授とともに、数年前にウォーホース・プロジェクトを立ち上げ、中世軍馬の考古学を提唱するとともに、最先端のツールを使って、デストリエが中世社会にとってまさしく革命的なウマだったのかどうか調べようとしている。このプロジェクトでは、いくらかでも中世のウマにかかわることはすべて評価の対象になる。鐙《あぶみ》——七世紀前後にはヨーロッパに広まっていた——、馬銜《はみ》、鞍、甲冑、飾り馬衣——馬を保護するとともに装飾にもなる馬用の衣——、ウマの骨格や病気、そして遺伝子も同様である。オリヴァーとアランは研究の一環として、イギリスで過去最大となるウマの骨の考古コレクションをつくり上げた。南はエクセターから北はニューカッスルまで、イギリス全土の一七一か所の遺跡から二〇〇〇点近い骨が集まった。これをもとに、骨格の重要な部分を一〇か所ほど念入りに測定し、四世紀から一七世紀半ばまでのウマの大きさと頑健さの変遷をたどった。

大きさの問題については、長い骨を調べたデータによってほとんど疑う余地はない。それらは徐々に改良された様子がなく、一六世紀初めまでまったく変化はなかった。古代後期からサクソン人やノルマン人の征服を経て中世末まで、イギリスのウマの体高は平均して一・三〇メートルから一・三五メートルを超えることはなかった。ポニーとウマの分岐点を一・四八メートルに定めている国際馬術連盟の現在の基準では、ほとんどすべてポニーのカテゴリーに入ってしまう大きさである。つまり考古学でいうこれらの「ウマ」は、本質的に、体の大きさでは「ポニー」であり、この種のウマにつきものの巨大なイメージとはほど遠い。この基準を超えていたのはほんのひと握りで、ノルマン朝の時期に数センチ程度、あるいは一三世紀に一五センチほど上回ったにすぎない。中世イギリスのウマ生産は馬体の大きさ以上に、それ以外の性質、気性や耐久性、走る速度などの改良に力を入れていたようだ。実のところ、体がぐんと大きくなるのは中世を過ぎた一六世紀以降のことで、この研究で分析した素材の四分の一近くがウマと呼べるものとなり、体高は平均して約五センチ大きくなった。これはおそらく、テューダー朝の政策で軍馬の生産に再び力を入れるようになったこと。もしくは、農村でも都市でも牽引用のウマの需要が増大したことが影響したのだろう。

頑健さの問題について言えば、絵画に描かれるのは結局のところ、より活動的な状況におけるウマのイメージである。そうした絵画において、ノルマン朝のウマは一一世紀後半から一二世紀を通じ、その後半身の形態でほかのウマとは違って見える。それより前の世紀やあとの世紀に比べてかなりスマートだったと思われるのである。一二世紀から一三世紀になると、騎士を運ぶとともにより重い新しい引き具を引けるように、より力強いウマに回帰したと見るべきだろうか？　いまの段階でそう結論づけるのは難しい。だが、胸繋《むながい》の使用が中部ヨーロッパと北ヨーロッパに拡大し始めたのがまさにこの時代の変わり目であったことは、注目すべきだ。それによってウマは、ウシに代わって農作業を行うようになる。実のところ、首につける軛《くびき》はウシの大きさに合わせてつくられており、ウマにつけると胸先に重みがかかって呼吸できなくなる恐れがあった。胸繋をつけることでウマはこのハンディから解放され、後半身の踏ん張りがきくようになり、全力を出せるようになった。新しい馬具とそれに適した後半身を持つ動物の選択とが結びつき、ウマはウシより多くの土地を耕せるようになり、そのようにして農業革命の基礎が築かれたと考えても、あながち間違いではあるまい。いずれにせよ、様々な説をめぐって論争が繰り広げられている。逆に、ノルマンのウマの後半身は異常だと見るべきだろうか？ それとも外国産馬の影響、とくに、先述したようにすでにヨーロッパに入り始めていた、ほっそりとしたシルエットのアラブウマの影響だと見るべきだろうか？ この種の論争はまさに、私の研究所でウマのＤＮＡを分析すれば答えが出る。そのためアランのウォーホース・プロジェクトに私たちの遺伝子解析が必要になり、私のほうでも喜んでそれに加わったのである。

ウマの遺伝子から体の大きさまで

体の大きさの問題についてはは、ゲノム研究でも言っておきたいことがある。われわれヒトでは、体の大きさに影響を与える遺伝的要因はまだよくわかっていない。何百もの遺伝子が結びついてごくわずかな影響を与えるからである。だが、ウマはそうではない。ウマの場合、ひと握りの遺伝子だけで、体高七五センチのファラベラ種から一八〇センチにもなるシャイア種まで、驚くべきサイズの違いを説明できる。なぜだろうか？ 答えは簡単だ。ヒトでは、あるとき結婚して子どもをつくると決めるのに、無限の理由がある。したがって、茶色い髪、金髪、大きい、小さい、強い、弱いといったあらゆる性質になる遺伝形質は、つねにシャッフルされている。しかしウマでは、繁殖はそれほど自由でなく、生産者の目のとどく範囲で行われることが多い。とくに一九世紀以降は、似たもの同士で繁殖させることが常態化している。それが家畜の品種をつくる基礎にもなっている。大きいものは大きいもの、小さいものは小さいもの、足の速いものは足の速いもの、側対歩のものは側対歩のものと繁殖させることにより、生産者は規格や仕様書に合った性質の品種を手に入れることができる。その結果、遺伝子のシャッフルはかなり限られたものとなる。何らかの求められる性質の発現に関与する遺伝子の突然変異は、急速に隔離されて有利になり、その種に現われるほかの突然変異の大半に比べてはるかに出現頻度が高くなる。

だから、生産者が体の大きな品種をつくることを目標とし、動物の成長に有利ないくつかの突然変異が最初の集団にもともと存在していれば、それらの変異はその品種に入り込み、世代から世代へ受け継がれる可能性がある。動物の成長に有利な変異がまったくなければ、生産者は目標を達成できないが、基礎集団の新たな遺伝子プールから再び始めればよいだけのことである。何度も試みていれば、フランスのペルシュロンやイギリスのシャイアのような立派な体つきの品種がどこかで出現するかもしれない。ファラベラのような体の小さいウマでも同じことである。ファラベラの歴史は一八四五年にアルゼンチンで始まり、愛玩用のウマをつくるという最終目標に従い、小さいウマを選抜する方針が堅持された。この品種は大型犬より小さいのだから、目標は達成されたといえる。国際的にも人気が出て、ケネディ一族やフランク・シナトラのような超セレブもこのウマを購入している。

この段階に至って、いよいよ遺伝学者の出番となる。体の大きさが非常に異なる品種が手に入るから。つまり、動物の大きさを測定し、ゲノムの塩基配列を調べ、体の大きい動物ないしは小さい動物でどのような文字が多く存在するのか見つければよいのである。遺伝学者はそのようにして、ウマの体の大きさを制御する鍵となる遺伝子はどれか、ひとつの突然変異で平均してどの程度、個体の大きさを低減させたり増加させたりするかを突き止める。二〇一二年に発表され、そのタイトルがセンセーションを巻き起こした研究で用いられたのも、まさにこの原理である。たった四つの遺伝子だけで、ウマに見られる大きさのヴァリエーションの大半、すなわち八三％近くが説明できるというのである。言い換えれば、体の大きさの違いは生得的な部分が支配的だということだ。栄養や広い意味の環境といったそれ以外の要因は、二次的な役割しか果たしておらず、測定された違いの残り一七％しか説明できない。

この発見は驚きをもって迎えられた。個体のレベルでは（そして種のレベルでも）、ウマのゲノムが持つ三〇億文字のうちたった四文字の遺伝情報だけで、体高が数センチ増加するからである。同じ時期に発表された別の研究で、それらの遺伝子のうちふたつが突き止められたが、それが見つかったのは品種間の変異ではなく、スイス唯一の伝統的品種フランシュ・モンターニュにおける変異であった。遺伝的に非常に近い動物を比較する限り、生得的部分はそれほど支配的な役割を果たしていないのは明らかである。その後、同種の研究が多数行われたが、結局、多くの場合に同じ遺伝子に行きついた。ＬＣＯＲＬ遺伝子とＺＦＡＴ遺伝子である。いくつかの研究は、体の大きさとともに、後ろ脚の関節や胸の大きさ、肥満度といった動物の容姿に作用する突然変異を特定した。

中世のウマはいまとまったく違っていたと思うかもしれないが、実際はそうでもない。実のところ、私たちには本質的な事柄がわかっている。ＤＮＡを使えば、いわゆる古代ウマの大きさを測定できる。歯の断片でも、指骨でも、肋骨でも、頭の骨でもよい。同一の個体の細胞はすべて、同じＤＮＡを持つからだ。それはまた、過去の生産者たちがどれほど熱心に、つねに体の大きいウマを選抜してきたかを教えてくれる。体を大きくする変異が集団のなかに急速に広がるほど、変異の関与は強まり、ドラスティックに選抜される。だからこそ、アランとオリヴァーが推し進めるアプローチを補うものとして、遺伝子のアプローチが役に立つのである。彼らのアプローチには特別なタイプの骨である長い骨が必要である。

私たちが遺伝子を分析する前に、ＬＣＯＲＬ遺伝子とＺＦＡＴ遺伝子に関与する突然変異が見かけほど普遍的に存在するか確認する必要があった。この方面の研究は多数行われていただろうが、おもにヨーロッパ起源の品種しか扱っていなかったからだ。アジアのウマ飼育の歴史では、大きさの違いに関与する別の突然変異が選抜された可能性がある。そこで、私たちも同じ方針に従うが、こちらはアジア産、おもに中国産のポニーやウマの品種のみに適用することにした。狙いは当たった。実際、TBX3遺伝子の発現に作用する領域がたった一文字異なるだけで、アジアで観察される大きさの違いの大半が説明できることがわかったのである。実験用マウスでも、同様の変異を持つ領域に相当するゲノム領域に修正を加え、成長過程で四肢の成長速度に大きな影響が出るのを示すことができた。つまり、昔の生産者たちがヨーロッパとアジアで選抜してきたウマの大きさの推移をたどるには、ふたつの遺伝子ではなくLCORL、ZFAT、TBX3の三つの遺伝子について、ウマのゲノムが持つ文字を調べる必要があった。

この作業からわかったのは、アジアでは、ウマの体格を向上させるTBX3遺伝子周辺の突然変異の頻度が上がり始めるのは中世ではなく、春秋戦国時代末期から最初の統一王朝である秦が成立する頃だということである。いまからおよそ二二〇〇年前である。その頃から、ひとつの変異がウマの集団に徐々に広まっていった。それはあたかも、より大きなウマをつくろうとする熱意が衰えることがなかったかのようである。ヨーロッパでも、体の大きさに関連する変異が広がり始めたのは鉄器時代末期からローマ時代初期以降だが、アジアと同じ割合に達することはなかった。さらに多くのデータを集める必要はあるが、LCORL遺伝子に関与する変異の頻度は中世を通じてそれほど高くなかったようだ。こちらは大陸レベルの話だが、イギリスのウマの骨に対するアランとオリヴァーの身体的観察を裏づけているように見える。つまり、大型軍馬デストリエが評判をとっていたとしても、巨大なウマをつくることが、中世の生産者たちのおもな関心事だったとは思えないのである。

都市のウマ、農村のウマ

中世の章を終える前に、私たちが最後に発見したことについて少し考えてみよう。話は再びフランスに戻る。フランスについては鉄器時代末期から一九世紀まで、私たちはすでに一〇〇〇頭近いウマの骨を分析していた。すべての時代、とくに中世の考古学の遺構は、都市部と田舎の城館の両方にあり、いずれにおいても雌ウマより雄ウマの割合が高かった。それがわかるのは、すでに述べたように、DNAから毛色や体の大きさだけでなく、性別に関する情報も読み取れるからである。つまり、雌ウマは農村や、郊外の城館や大修道院の周辺に暮らしていたのに対し、雄ウマは早くから都市生活に加わっていたようなのである。たしかに農村の環境は、ストレスが多くて騒々しい都市よりウマの飼育に適しているし、発情したメスがいると、雄ウマは去勢しない限り、仕事に身が入らなくなる。

その解釈はともかくとして、以上の発見からわかるのは、ウマというのは貴重な資源であり、飼育も分布も偶然に任されることはなく、まさしく合理的な管理のもとに行われてきたということだ。私たちはもちろん、もっと掘り下げて調べるつもりでいる。当時の都市で使われていた雄ウマは、すべて同じタイプ、多様な仕事をこなせるウマだったのだろうか？　それとも、様々なタイプが混在しており、それぞれ専門の仕事を行っていたのだろうか？　その場合、それぞれの地理的な出身地はどこだったのだろうか？　飼育には地域性があり、それぞれの地域で特色のある馬種をつくっていたのだろうか？　そうであるなら、地域とはどのレベルだろうか、フランスだろうか、ヨーロッパだろうか？　だがそうなると、問題のウマは現代のどの馬種の祖先になるのだろうか？　気性が荒いとされるウマに近いのか、それともおとなしいウマに近いのか？　気性のほかに、最も高く評価された身体的・遺伝的性質は何だったのか？　そのような好みがあったとして、中世を通じて同じだったのか、それとも変化したのか？　変化したのはいつ、どうしてなのか？

　頭がくらくらするほど多くの疑問があり、少なくともあと一〇年は学際的な研究をする必要がある。それらの研究はまず、古遺伝学のアプローチに基づくものになるだろう。ＤＮＡを見ることで、個体数の推移、毛色や体の大きさの多様性、より一般には空間と時間におけるタイプの多様性を調べることが可能になる。それらの研究は、同位体のアプローチをはじめとする多くのアプローチによって豊かになり、強化されるだろう。都市では動物の死骸はしばしば家畜処理場に運ばれ、集積される。そうした処理場はこんにち、利用可能な考古素材の主要な出土地になっている。つまり、このようなゴミ捨て場で生涯を終えた動物はその土地で生まれたとは限らず、そこにたどり着く前におそらく様々な生活を送ってきた。軍馬、農耕馬、荷馬、さらに競走馬だったウマもいただろう。しかし同位体——原子番号が等しく質量数の異なる元素（第２章を参照）——、たとえば歯のエナメル質に含まれる同位体を分析することで、その個体が何を食べていたか、一生のあいだにどんな環境で暮らしていたかがわかることがある。乳歯や様々な骨の同位体は一生のあいだに多少、組成が変わるので、動物が生まれ、そして死んだ場所についての情報を得ることができる。もちろん、それらの情報を解剖学から得られる情報と照合すれば、動物のおもな用途や健康がわかるし、歴史学や経済学から得られる情報と照合すれば、ウマの生産と管理にかかわる決定全体を推定できる。

　アランとオリヴァーはウォーホース・プロジェクトをできるだけ統合的、協力的なものにすることで、研究のヒントを得てきた。いまでは私たちに歩み寄り、刺激を与えることで、イギリスの資料から得られるイメージをフランスの資料から得られるイメージで補なおうとしている。私たちのほうでも、そこからまったく新しい発想が生まれる。かつてライバルだったイギリスとフランスは、ウマから最良の部分を引き出し、自国の軍隊を刷新するとともに、危機の時代に経済的豊かさを築くことができたのである。

第9章　極限の地のウマ

極東と伝説の茶の道

「茶古道」は絹の道（シルクロード）ほど知られていない。しかしながら、そこは何本もの荒れ狂った川が険しい谷を流れ、世界屈指の高さを誇る山々がそびえており、山腹の岩を削ってつくられた道を進まなければならない場所もあり、こちらも難路として伝説的な存在になっている。かつて、二五〇〇キロメートルにわたり中国とチベットを結ぶこの道を、茶、砂糖、塩を運ぶ商人たちの荷馬隊が行き交っていた。四川省で栽培される茶を運ぶときは、そこから旅が始まるが、もっと高級な積荷の場合は隣の雲南省が出発地になる。雲南省でつくられる色の濃いプーアール茶は、高級ワインのように、何年もかかって芳醇な飲み物になるという。出発地がどちらであろうと、荷馬隊はつねに同じルートをたどり、途中で二〇以上の多様な民族集団に出会いながら、うまくいけば四か月から六か月で、標高三六〇〇メートル以上の高地にあるチベットの都ラサにたどり着く。うまくいけばと言ったのは、そこまでに五〇本ほどの川を越え、目のくらむような吊り橋を一五本ほど渡り、標高三〇〇〇メートル以上の峠を七〇か所ほど越えなければならず、天候が急変して猛烈な嵐のなかを進まなければならないことも少なくないからだ。

茶古道は「茶馬古道」とも呼ばれている。ウマがなければこのような旅をするのは事実上不可能だからだろうか。いや、実際に使われたのはラバが多く、ヤクとともに、貴重な物産を無事目的地に送り届ける荷馬の役割を果たしていた。そうではなく、「馬」という言葉が使われているのはなにより、茶と同じくウマが取引されていたからである。チベット王国は実際、現ナマではなくウマで茶の代金を支払っていた。ウマ一頭につき一定量の茶と、取引のルールはいたって簡単だった。

公式の歴史では、唐王朝はチベットの貴族を手なずけるために七世紀から茶を送っていたとされるが、実際に大々的な取引が行われるようになったのは三世紀後、宋の時代になってからである。驚くべき特性を持つ植物の葉を大量に引き渡すのと引き換えに、宋はとてつもない数のウマを送るよう求めた。ある研究によると、北宋時代の九六〇年から一一二六年までの一世紀半あまりに、四川省で生産された茶の半分が二万頭以上の馬と引き換えにチベットへ送られたという。それでも一万五〇〇〇トン前後であった。茶馬古道が最盛期を迎えた明(一三六九－一六四四)と清(一六四四－一九一一)の時代に交換された量とはまったく比較にならない。たとえば一六六一年だけで、雲南から出発した荷馬隊は一五〇〇トンの茶を運んでいた。こんにち、高速道路と近代的な輸送手段のおかげで古道はさびれたが、第二次世界大戦まではまだ大きな役割を果たしていた。当時は日本が中国を占領しており、近代的な交通路は日本の管理下にあった。

チベットウマの起源と独自性

当然ながら、中国の権力者はそのようにしてウマを手に入れることで、なによりも自らの軍事力を強化しようとした。それらのウマは実際、とくに国の北に広がる草原地帯の遊牧民のなかから出現する敵対勢力に対抗するための貴重な増援部隊になった。彼らはウマが欠乏するリスクを決して冒さなかった。しかし、チベットウマはほかのウマと同じ、ただの消耗品だったのだろうか？　それとも、「世界の屋根」と呼ばれる地方のウマだけに、平地のウマにはない特別なところがあったのだろうか？　この疑問は検討に値する。なぜなら、標高の高い環境がとりわけ動物の生存に適さないことが知られているからである。少なくとも言えるのは、そこが非常に寒冷で、酸素に乏しく、紫外線が強い（標高が高いので、通常生物を保護している大気の層が薄い）ということだ。そうであるにもかかわらず、ウマ以外にもチベット高原で暮らしている家畜は多い。たとえばヤクは、大昔からここを生息地としているが、ブタやヒツジ、ヤギ、ニワトリ、イヌもいる。しかしながらチベット高原は地球上で最も高い場所にあり、標高は平均して四五〇〇メートルもある。

私がリュー・シュエシュエと出会ったのは二〇一八年。そのとき彼女はまだ北京科学院動物研究所で博士論文を書いているところだった。私たちは、ハヴェマイヤー財団が主催して二年ごとに世界各地で開かれる会議に参加していた。この会議には、ウマのゲノムに多少とも関心のある科学者たちが集まる。その年の会議はイタリアのパヴィアで開かれた。私はウマの家畜化の発祥地を調べており、最新の研究成果を発表するためにやって来た。シュエシュエは、ジャン・リン教授とともに行っていた予備調査の成果を発表した。教授とは、前回のダブリンでの会議でお目にかかっていた。彼らはまさしくチベットウマを調べていたのだ。調査はまだ完了しておらず、リンとシュエシュエは研究の総仕上げを手伝ってくれる研究者を探していた。私の申し出をふたりは快く受け入れ、一年後にめでたく研究発表となった。それ以来、シュエシュエは私の研究所に加わっている。調査項目に一三八頭のウマのゲノム分析が含まれていたためで、彼女はそのすべてを明らかにした。

まず、チベット高原のウマいわゆるチベットウマと青海省のウマは、中国南西部の四川省や雲南省の在来馬と遺伝的に同じではなかった。四川省と雲南省のウマは実際、こんにちこの地域に分布する三つの大きな遺伝子グループのうちふたつを形成している。三つ目は北の地方のもので、カザフスタンの峡谷から太平洋まで、モンゴルのウマと混じり合っている。この状況は、中国の歴史上、かなり古い時期に生じたようで、約三五〇〇年前の青銅器時代半ばにこの地域に最初の家畜ウマが広まったときからだと思われる。その点に関して、ゲノムのデータは考古学の発見と一致している。考古学の発掘により、前二千年紀のチベット高原にウマが存在したことが明らかになっている。

いっぽう、現存する集団に三つの遺伝子グループが認められるということは、私たちの予想とは少し異なることが起きたことを示している。一〇〇〇年以上にわたり、かなりの数のウマが茶の道を通って出発地の方面へ移動したにもかかわらず、四川や雲南の在来馬の飼育が途絶えることはなかったのである。そうであったとしても、何千年もたつうちに様々な集団が混じり合い、こんにちでは区別がつかなくなっているはずだ。遺伝的に、四川のウマも雲南のウマもチベット高原のウマと交雑しているだろう。しかしながら、茶馬古道によってウマが供給されていたことは、ゲノムのデータでもはっきり確認できる。さらに、それが四川と雲南のウマのゲノムに与えた影響は、モンゴルのウマの影響をはるかに上回る形で残っている。チンギス・ハンやその子孫をはじめ、数え切れないほどの遊牧民がこの国に押し寄せたにもかかわらず、である。

もうひとつ、私たちの研究から明らかになったのは、特定された三つの大きな遺伝子グループのうちチベット高原のウマが、最も繁殖力が強い、それもずば抜けて強いということである。実際、最も効率的な体の大きさを示しているのは、この遺伝子グループである。つまり、高地で生活しても、それらのウマにほとんど問題が生じないようなのだ。もちろん、高地の環境に適応する必要はあった。私たちはその点について詳しく知るために、血液量の生理的変化を測定することにした。その結果、標高の低いところにいるウマに比べて、個々の赤血球はより大きいが、赤血球全体の量は少ないことがわかった。これは意外に思えるかもしれない。赤血球は、それに含まれるヘモグロビンによって血中の酸素を運搬するからである。測定によれば赤血球が少なく、酸素を十分に取り入れることができないのに、もともと酸素の少ない環境でどうやって生きていけるのだろうか？　私たちの測定によれば、それぞれの赤血球に含まれるヘモグロビンの濃度が、標高の低い平原で生まれたウマよりはるかに高いからである。要するにチベットウマは、酸素の極度に少ない環境でより多くの酸素を運びながら、血液が濃くなって血栓をつくるリスクを抑えるという離れ業を行っているのだ。血栓ができると血管を詰まらせ、静脈炎のような疾患を併発する恐れがある。そうなると、肺塞栓症になるリスクが高まり、しばしば死に至る。

ＥＰＡＳ－１遺伝子と高地生活への適応におけるその役割

私たちはゲノムを分析し、この適応の起源を知ることができた。チベットウマと低地のウマで最も明確に遺伝的違いが見られたゲノム部位のリストのトップに、進化遺伝学者によく知られたＥＰＡＳ－１遺伝子がある。この遺伝子は一五年ほど前に報告され、ある特別なヴァージョン——チベット人に特有のヴァージョンに存在するという特徴があった。それこそが、酸素の乏しい環境で生きられる理由である。さらに、この地方のイヌ、そしてヒツジやブタからもこの遺伝子が見つかっている。チベットウマに続いてＥＰＡＳ－１が見つかるということは、これがまさしく収斂進化の現象であることを物語っている。個別の種が同じ環境条件に置かれることにより、進化の過程で同じ適応の道をたどったのである。さらに、このヴァージョンは標高四〇〇〇メートル以上に暮らすウマ五頭のうち四頭に近い割合で見つかるが、標高が下がるに従って徐々に減少し、三〇〇〇メートルから二〇〇〇メートルでは三頭に二頭、雲南省の麓では四頭に一頭ほどになる。それはあたかも、酸素が乏しくなるほど、遺伝子に変異ヴァージョンを持つ動物が進化の過程で有利になったかのようである。ダーウィン流に言えば、突然変異を持つものがその環境で生き延び、繁殖年齢に達して次の世代に変異を伝えるチャンスが高くなる。変異の出現頻度が集団のなかで徐々に高くなるのは、それに適した環境、つまり高い標高で暮らすようになったからである。

それでは、この突然変異の影響は正確にどのようなものだったのだろう？　そしてそれは、ウマの生理にどのような影響を及ぼしたのだろう？　いまの段階ではまだ不明な点があり、私たちはそれを解明しようと研究を続けている。しかしながら、わかっていることもある。酸素が少なくなると、ＥＰＡＳ－１遺伝子が産生するタンパク質が細胞核に入り、そこでＡＲＮＴと呼ばれる別のタンパク質とペアになることだ。ペアになったタンパク質はヘテロ二量体と呼ばれ、プロモーター［遺伝子の転写が開始される際に機能する領域］に特別な塩基配列を持つため標的であるとわかる多くの遺伝子の活性化因子を形成する。このようなミクロの現象が次々と生じた結果、また別の遺伝子が活性化され、それがコードしているタンパク質を産生する。ＥＰＯすなわち赤血球の産生を活発にする糖タンパク質エリスロポエチンがそうだ。それはまた、LDHAやVEGFAのような遺伝子も活性化する。ここで問題になるのはその影響である。LDHA遺伝子の産生物は生体の代謝バランスにおける主要な分岐点に作用し、酸素が乏しくても細胞がエネルギーを回復できるように反応を方向づける。私たちの測定で、チベットウマの血液に、問題の遺伝子の産生物であるLDHAが高いレベルで含まれていることが判明している。VEGFA遺伝子の産生物は血管新生と、赤血球を含む血液細胞の産生を促進する。要するにEPAS‐1は、細胞レベルの酸素不足を検知し、何もしなければ危険な状態になる生理的状況に生体が対処できるように連鎖反応全体を始動させる、見張り番のような働きをしているのである。

私たちの研究室の実験から明らかになったのは、チベットウマが持つEPAS‐1遺伝子のヴァージョンは動物界では類を見ないものであり、それが産生するタンパク質はARNTタンパク質とより強く、安定的に結合する特性を持つことである。結果的に、この結合タンパク質が認識する遺伝子が活性化され、それがコードするタンパク質をさらに多く産生するようになる。LDHAやVEGFAのような遺伝子がそうである。それはドミノ効果により、生体反応を増幅させる。それほど酸素を必要としない代謝方式を作動させるとともに、血液の作成方法を変えて酸素不足の影響を一時的に抑える。より大きい赤血球、ヘモグロビンのより多い赤血球をつくることで、生物を構成するすべての細胞に対する基本的な酸素供給を維持する能力を改善する。突然変異は機能の向上として作用し、ウマの生体反応は低下するのではなく、増強される。このように、突然変異そのものは必ずしも悪ではない。

さらに、EPAS‐1遺伝子の突然変異はチベット高原に生息するほかの動物種でも報告されており、変異の影響は同じだが、変異そのものは同じではない。実際、同じ遺伝子に関与するとしても、EPAS‐1遺伝子に同様の変異

163　第9章　極限の地のウマ

は見られない。たとえば、シェルパ族［ヒマラヤ南部高地に住むチベット系民族でヒマラヤ登山の案内人を務める］が持つ遺伝子ヴァージョンは、ヒトの進化における別系統の人類、デニソワ人から直接受け継いだものであることが知られている。子どもの小さな指骨に保存されたＤＮＡにより、いまから少なくとも八万年前、アルタイ山脈に別種の人類が暮らしていたことを現代科学が明らかにするまで、デニソワ人の存在が知られることはなかった。デニソワ人の突然変異がどうしてシェルパ族の祖先に見られるのか。シェルパ族の祖先はなぜ九〇〇〇年前にチベット高原にやって来て、変異を持つ者が選択され、こんにちまで残ったのか。それはウマとはまた別の話である。だが、ウマと同じく、変異に何の利点もなかったであろう環境、つまり低地の平原から、変異が決定的に重要となった環境、つまり高地へ移動したことが、その生物学的適応の基盤になったことは明らかである。

シベリアの極寒のウマ

ヤクートウマは厳しい自然に対抗する力を持つ点で、チベット高原のウマとよく似ている。もちろん、チベットウマのように世界有数の高所に適応しているわけではない。ヤクートウマのすごいところは、シベリアでも有数の高緯度で生きている点にある。それらのウマは実際、北半球で最も寒冷な地方に暮らしている。サハ共和国［旧称ヤクート共和国］の首都ヤクーツクでは、一二月と一月の平均気温がおよそマイナス四〇度だが、最低気温がマイナス六〇度を下回ることもたびたびある。一八九一年にはマイナス六四度を記録した。ヤクーツクが世界一寒い都市といわれるのはそのためである。もっと寒いところもある。ヤクーツクの北約五〇〇キロのところにある人口一〇〇〇人ほどの小都市ヴェルホヤンスクは、インディギルカ川沿いの村オイミヤコンとともに、人が居住する地域で観測された最低気温であるマイナス六七・八度を記録した。このような気象条件のもと、アルゼンチンより大きく、インドよりやや小さいこの地方の土壌の四〇％近くがつねに凍結して永久凍土になっており、こんにちのマンモスハンターたちがそこでマンモスの骨や牙を探しているのも、当然の話である。

それでも、夏になると土壌は局所的に暖められ、永久凍土は少しずつ溶けていく。森の木が伐採されたあとがそうだ。夏の数か月間、木が影になって日差しをさえぎることがないからである。そうなると微生物が活動を始め、大量の有機物を食べる。微生物の活動により、土壌の溶解と劣化はさらに進む。このプロセスはやがてとんでもない事態を引き起こす。ヤクーツクの北六〇〇キロあまりのところにあるバタガイで数年前、かなり大きなクレーターが見つかった。「地獄の門」と呼ばれるこのクレーターは、隕石の落下のような天変地異でできたものではない。人間の活動に起因した、地域の気候の影響である。一九六〇年代に一部のタイガが開拓された結果、地面が陥没するようになったのである。その深さはこんにち一〇〇メートル以上、長さは約一キロにもなり、毎年少しずつ大きくなっている。

地元の人々はこのクレーターを「地下世界への門」と表現している。実際、浸食によって斜面が崩壊し、大昔の動物がそのままの形で姿を現わすことがある。そうして現代によみがえった動物のひとつが、二〇一八年五月にメディアをにぎわせた。それは生後二か月ほどの子ウマで、四万二〇〇〇年のあいだ凍結していたのだった。シベリアと韓国の科学者チームがその血液を数ミリリットル採取することに成功し、いつかクローンをつくれるのではないかと期待されている。しかし、いったんクローンの亡霊を目覚めさせると、歯車が勝手に回り始めることがある。メディアに公開された映像自体、かなり衝撃的だった。動物の頭部、とくに鼻孔がクローズアップされると、毛の細部まで生き生きと見え、まだ息をしているかのようだった。

バタガイのウマ

四万二〇〇〇年の時を経たこの遺骸について研究する機会はなかったが、やはりバタガイで出土した別の遺骸を調べることができた。そのＤＮＡは完全に保存されており、私たちは苦もなく、状態の良いゲノムの塩基配列を決定できた。その動物はＸ染色体とＹ染色体を持っていたので、雄だった。炭素14年代測定により、ボタイのウマとほぼ同じ時期の五二〇〇年前に生きていたことがわかった。つまり、二種類のウマの進む道が交差した可能性があった。いっぽう、遺伝子の面では、ボタイのウマ、さらに現代の家畜ウマの系統であるＤＯＭ２とも大きな共通点はなかった。ＤＯＭ２が世界各地へ拡散し始めるのは、それから一〇〇〇年後のことである。子ウマのゲノムからわかったのは、むしろエクウス・レネンシス、あのレナ川のウマの直系の子孫だということである。すでに述べたように、レナ川のウマはこんにち姿を消している（第５章を参照）。それは、私たちがゲノムの塩基配列を決定したエクウス・レネンシスの最後の一頭だったが、もちろん、それが生き残った最後の一頭というわけではない。実際、レナ川のウマは高緯度の凍てつく寒さに何千年も前から適応しており、バタガイの子ウマが死んだのちも数千年間、シベリアの凍土を走り回っていた。さらに、地元の言い伝えによれば、現在ヤクーツクで見られるウマは、かなり以前に当地で家畜化された野生馬の集団の子孫だという。

その点をはっきり確認するには、こんにち現地で生きているウマのゲノムを調べればよい。結局のところ、どんなに保存状態がよくても、何千年もたったサンプルのゲノムの塩基配列を決定するより、こちらを調べるほうが簡単である。幸いなことに、その考えが浮かんだのは夏になる前だったので、ロシア科学アカデミーのアレクセイ・チーホノフ博士が、冬が来てこの地方の科学調査にともなう物資輸送が困難にならないうちに、郵便で一〇頭ほどのウマの毛を送ってくれた。ヤクートウマは動物園で保護されているわけではなく、タイガやツンドラで半ば放し飼いにされており、一か所に集められるのは一年に一度だけだったからだ。コレージュ・ド・フランス社会人類学研究所の研究員、キャロル・フェレは、ヤクートウマの飼育者は平均して一年に五日から九日をウマの世話に費やすと推定していた。こちらで家畜ウマの世話にかける時間に比べ、はなはだ少ないように思える。ただし、このウマは体が小さく、ずんぐりして、分厚く長い毛に覆われており、この地方の寒さに対応できるようになっているようだ。極寒の気候への完全な適応を示すもうひとつの性質として、植物が伸びる二か月間という短期間に脂肪を蓄える能力がある。また、冬眠せずに寒さの厳しい時期を過ごすため、冬季に代謝のペースを落とすこともできる。

さて、このウマのゲノムはどうだっただろうか？　こちらのゲノムについて報告すべきところだが、実際には、チーホノフ博士が送ってくれた荷物が届くまで数か月かかるため、その間に、一九世紀にさかのぼる考古学のサンプルを手に入れていたのである。トゥールーズのポール＝サバティエ大学のエリック・クリュベジ教授が一五年前から毎年夏にこの地方で行っている発掘で見つけたもので、人間の墓に犠牲として捧げられた動物の遺骸だった。

ヤクートウマの本当の起源

ゲノムの分析は決定的で、伝説に終わりを告げるものとなった。分析したどのサンプルも、バタガイのサンプルとは無関係だったのである。それらはすべて、四二〇〇年前のロシア西部のステップにルーツがある現代の家畜ウマ、ＤＯＭ２の系統に完全に属しているようだった。このように、遺伝子のデータはむしろ、ヤクート人とその比較的起源の新しいウマに関する歴史書の記述を裏づけるものである。実際に資料の大半は、バイカル湖より南の地域を支配していた騎馬民族が一三世紀以降、北への移住を開始した点で一致している。当時、それらの移住者はチンギス・ハンの軍団の攻勢を逃れ、未開拓地ではなく、すでに人が住んでいた地域に定着した。彼らは、近代ヤクート人の民族的基盤と、キャロル・フェレが「馬の文明」と呼ぶものの文化的基礎を築いた。ヤクートでは実際、ウマはサハ共和国の連隊旗に描かれた民族のヒーロー、地理的境界がまったくないように見える広大な領域に不可欠な乗り物というにとどまらない。ヤクートでは、ウマはそれ以上のものである。人々はウマの肉を食べ、ウマの乳を飲む。ウマの皮で衣服を、腱でロープをつくる。ウマを称え、ウマについて語り、ウマのことを歌う。要するにウマは、地域の生活様式に欠かすことのできない一部になっている。

しかし、ヤクートウマがバタガイのウマの子孫でないとしても、その遺伝子をいくらか受け継いでいる可能性はないだろうか？　これはそれほど突飛な考えではない。こんにちヨーロッパに住む人々のゲノムの二％近くが、彼らの祖先が交雑したネアンデルタール人に由来する。私たちの遺伝子のネアンデルタール・ヴァージョンのいくつかは、交雑で、つまり自然選択によって私たちに受け継がれた可能性がある。ヨーロッパに存在していたウイルスや細菌による感染症の免疫、アフリカを出たばかりのホモ・サピエンスの祖先がまだ適応していなかった病気に対する免疫をネアンデルタール人にもたらした遺伝子がそうだ。だから、ヤクートウマにも同じような現象が起こったのではないか？　レナ川のウマが一三世紀にまだ絶滅していなければ、ヤクートの最初の騎兵を乗せてきた家畜ウマと交雑したのではないか？　それらのウマは、この地域で出会ったウマ、以前からこの地域で何万年も暮らしていたウマが持つ寒さへの抵抗力を受け継いでいるのではないか？

この説の信奉者たちをまたもやがっかりさせることになるが、私たちの分析はこのシナリオに反するものだった。現代のヤクートウマが持つ遺伝子のテキストには、ほかの一九世紀のウマと同じく、レナ川のウマが持つテキストを特徴づける文字列が見られなかった。過去から現在まで世界各地に分布している家畜ウマと、まったく変わらなかったのである。つまり、現在のヤクートウマの生物学的適応は、一三世紀の祖先の遺伝子によるのであって、それ以外のウマとは関係がないということである。したがって、レナ川のウマはおそらくすでに絶滅しており、交雑は起きなかったと思われる。

ごく少数の家畜ウマがヤクートの緯度に到達して現在の集団をつくったことが、私たちのデータで確認されたとしても、それらのウマが全体として遺伝的多様性、つまり様々な変異を持ち、自然選択が働いて環境の条件に適合した動物ができ上がったことは否定できない。そのような変異のいくつかは、それを持つ動物の生存率を大きく上げ、世代から世代へと変異が受け継がれるチャンスを増やしたために、こんにち広く共有されているのである。それはまた、この高緯度地方に存在する唯一のヴァージョンでもある。それはタンパク質をコードする領域の遺伝子だけでなく、遺伝子のプロモーターにも作用し、タンパク質の産生における質的変化とともに、産生レベルの量的変化をもたらした。詳細な生物学的メカニズムはまだ解明されていないが、ヤクートウマが極限の環境に適応するための遺伝的変化は、実に様々な生物学的影響を及ぼす遺伝子に関与している。それは毛の成長や密度から脂肪の蓄積、糖の代謝、生物の細胞に昼と夜の長さを指定する生物時計の調整にまで及んでいる。

注意したいのは、ヤクートウマは進化によって唯一無二のスーパーパワーをもたらす超遺伝子（スーパージーン）を持つようになったのではないことである。そうではなく、様々な機能全体が協調して働くことにより、種の中で進化が起こった。歴史の皮肉と言おうか、私たちはこの多様な遺伝子の中に、

別種の生物が同じシベリアの環境に適応するのに関与した遺伝子をいくつか見つけた。ケナガマンモス
や、われわれ自身の種もそうである。ヨーロッパから何千キロも離れたチベット高原で、私たちはまた
もやあの現象を目の当たりにした。いまや私たちにおなじみの現象、収斂進化である。

170

第10章　アメリカのウマ

先住民の見方

「イヴェット・ランニングホース・コリンと申します。アメリカ先住民コミュニティの活動を支援する非政府組織の代表を務めています」。二〇一八年八月のある夜、パソコン画面にこんなEメールが表示された。私たちがプルジェワリスキーウマの真の素性とボタイウマとの関係を明らかにして数か月後のことだった。「私は研究者でもあり、『ウマとアメリカ先住民の関係について、ヨーロッパ中心主義神話の解体』というタイトルの論文を書いております。添付しますのでご覧になってください」。そのような論文のことはよく知らなかった。実のところ、この種の論文について知る人はまだ少ない。その研究手法は民族学や社会人類学の調査の影響を受けており、私の手に負えなかった。幸いにも、メッセージの続きは細々とした問い合わせだった。「西欧の科学では、約一万三〇〇〇年前から一万一〇〇〇年前の最終氷期のあと、アメリカからウマがいなくなったとされていますが、多くのアメリカ先住民族は、ウマはずっと、自分たちとともにいたと主張しています。彼らによれば、スペイン人征服者が連れてきたウマと混じり合い、アメリカのあちこちでいまも野生状態で暮らしているウマの集団が生まれました」。つまりこういうことだ。「私たちと協力者一同はあなたと一緒にこの問題について調べ、それら祖先のウマの生き残りと見られるウマの保護に力を貸していただくよう、心より願っております」

アメリカ西部の大平原を象徴する有名な野生馬ムスタングに祖先のウマの血が混じっていると考えるのは、あらゆるセオリーに反していた。イヴェット・ランニングホース・コリンは間違っているわけではない。古生物学、つまり化石とその時間的・空間的な変化を研究する学問では、以前からアメリカを、シマウマやロバ、クーラン（アジアノロバ）を含むウマ科動物の発祥地としていた。その点についてはは疑問の余地はない。六〇〇〇万年近くかけてイヌぐらいの大きさの動物から私たちがこんにち見ている大型草食動物になった進化の歴史については、多少ともウマに関連する本なら必ず触れている。進化の歴史は一般に本の冒頭で扱われ、骨格や歯の図版が添えられる。しかも章のタイトルは多くの場合、最初に見つかった化石につけられた学名を踏襲している。エオヒップス（正しくはヒラコテリウム）、つまりアケボノウマである。本書でも簡単に述べておこう。

アメリカ大陸——ウマ科動物の発祥地

古生物学の手がかりによれば、ヒラコテリウムは五〇〇〇万年あまり前にアメリカ大陸の発祥地を離れて旧大陸へ渡り、そこでいくつかの系統に分かれ、それぞれ変化していった。このような歴史は、アメリカ原産馬の別の子孫を起点として何度か繰り返され、旧大陸で出会った環境と気候条件を利用して、新たな生物学的適応を遂げていった。最も目覚ましい変化は疑問の余地なく、脚の構造に関するものである。脚の先端には最初、前後に複数の指があったが、約一二〇〇万年前に中央の指だけで立つようになり、そうして四肢の先端が蹄になった、私たちになじみのあるウマの姿になった。したがってウマ科は、とりわけ繁栄した進化の系統と考えるべきだが、地理的な面でも種の多様性の面でも大きな放散［ある種の生物がある時期を境に新しい環境に進出して多くの種へ分化すること］を経験しただけでなく、いくつかの形態が永遠に姿を消してしまった絶滅の時期が何度かある。こうしためまぐるしい進化のなかで、エクウス属が約四〇〇万年前に出現し、最後の大きなウマ科グループとなった。それればかりか、こんにちまで地球上に生き残った唯一のグループでもある。だが、ほんの一万二〇〇〇年前には、まだ別種のウマ科動物が存在しており、その解剖学的な形態は現在のウマとかなり異なっていた。それらのウマ科動物はやがて、南アメリカのヒッピディオンのように姿を消した。ヒッピディオンの大きくふくらんだ鼻はモンゴルのサイガというレイヨウの一種を思わせるし、どっしりした四肢は、北アメリカの近縁だが別種の動物ハリントンヒップスのすらりと伸びた華奢な四肢と対照的である。

北アメリカにはエクウス属の子孫もいた。その歴史のごく初期に、ウマになる系統（カバリン）とシマウマ、ロバ、クーランになる系統（ステノニアン）のふたつの大きな系統に分かれた。こんにちそれらの種のゲノムに見られる様々な遺伝子の数からいって、この大分岐は約二〇〇万年前に起こった。それは、祖先の集団が海水面の低下を利用してシベリア側に渡ったときだと見られる。この集団はユーラシアに拡散してアフリカまで達し、そうして、こんにち私たちが知っている多種多様なステノニアンが生じた。

カバリンもアメリカに留まっていなかった。同じく遺伝子の計算によればおそらく一〇〇万年前から八〇万年前に、別の海面低下を利用してベーリング地峡を渡った。カバリンはそのときから、旧世界と新世界に分かれて暮らすようになった。ユーラシアの領域では、カバリンが進化して非常に多くのウマの系統が生じた。そのひとつがボタイで家畜化されたが、四二〇〇年前にドン川とヴォルガ川の下流域で新たに家畜化されたウマに取って代わられた。アメリカ大陸でもカバリンが進化し、多くの系統が生じたに違いない。アメリカ大陸で発見された多様な形態のウマを記述するために、古生物学者たちはたくさんの学名を考案しなければならなかったのである。とはいえ、それらのウマの遺伝子についてはよくわかっていない。ただし、アメリカとカナダの北極地方について、私たちはおよそ七〇万年前から二万八〇〇〇年前にさかのぼると見られるいくつかのウマのゲノム、また哺乳類では母親からしか伝わらないミトコンドリアのゲノムも一〇〇以上、その完全な塩基配列を決定できた。この研究は、カリフォルニア大学サンタクルーズ校のベス・シャピロ教授との息の長い共同研究の成果である。教授の数多い業績のひとつに、マンモスのクローンに関する著書がある［『マンモスのつくりかた――絶滅生物がクローンでよみがえる』宇丹貴代実訳、筑摩書房、二〇一六］。

大陸間の交流

私たちの研究は、アメリカとユーラシアのカバリンの歴史をより正確な時間的枠組みで記述しただけではない。両大陸の系統がその歴史で互いに相手のことを知らなかったわけではなく、分かれたあとで何度か接触したことを明らかにした。初期の旅では東（アメリカ大陸）から西（ユーラシア）へ向かい、最初の大分岐の口火を切ったが、その後、何度か繰り返された旅は、同じ方向のものもあれば反対方向のものもあった。たとえば、ユーラシアで見つかるウマ類に典型的なミトコンドリアＤＮＡは、一三万年前から六万年前にアメリカ大陸にも広まった。いっぽう、ミトコンドリアのいくつかの遺伝子型はいまのところ、アメリカ大陸以外で見つかっておらず、そのため、アメリカ在来種の祖先の系統が存在していたことがうかがえる。たとえば、エクウス・スコティやエクウス・ランベイのような、古生物学ではっきり区別される形態につながる系統である。以上のことからわかるのは、異論の余地なく、科（ウマ科）だけでなく種（エクウス・フェルスやエクウス・カバルス）としても、ウマはアメリカ大陸で生まれたのちに世界の残りの地域に拡散し、地球規模の気候変動によってアメリカ大陸に戻ってきたということである。気候変動で大氷期が到来し、大量の水が極地の氷床に閉じ込められると、海水面が低下し、アメリカとユーラシアをつなぐ陸地が出現した。ベーリング地峡である。要するにウマは、太古の昔からアメリカに存在したということだ。それはわれわれヒトの種が三〇万年前から二〇万年前にアフリカに出現し、二万年ほど前にアメリカ大陸に到達するはるか以前のことだった。したがってイヴェット・ランニングホース・コリンの遠い祖先、イヴェット自身や騎兵隊と戦った族長シッティング・ブルのようなラコタ族［スー族ともいう］であれ、ほかの先住部族であれ、彼らがウマを知っていたとしてもおかしくない。ここまでは、イヴェットの仮説は正しい。西欧の科学データに反するところはまったくない。

アメリカへのウマの帰還――植民地時代のヨーロッパ中心主義の残滓か？

こちらの話と全面的に対立するのは、その出来事の続きに関してである。およそ一万三〇〇〇年前以降、アメリカ大陸でウマの化石は見つかっていないのだ。もしウマがこの年代以降も棲み続けていたなら、アメリカ大陸がクリストファー・コロンブスに再発見されて植民地になるまでに、何らかの痕跡を残したはずである。いずれにせよ、化石が見つからないことが、最終氷期の直後にアメリカ大陸のウマは絶滅し、一六世紀初めにヨーロッパ人とともに帆船の船倉に積み込まれてアメリカ大陸に戻ってきたという仮説を裏づける主要な論拠になっている。このような条件では、ムスタングのように野生状態であろうと、家畜化されていようと、イヴェットの論文にあるように、アメリカ原産のウマがスペインのウマと交雑することはない。しかしながら彼女の仮説は、アメリカ先住民とウマの結びつきについて、長いあいだ人に知られず、黙殺すらされてきた先住民の証言を集めるという、記憶を掘り起こす作業に基づいていた。だが、このような民族では知識は口頭で伝えられ、西欧の観察者が彼ら自身の証言を報告し始めるのは一七世紀末以降になってからである。イヴェットが論文のタイトルで「ヨーロッパ中心主義」という言葉を使っているのは、このためである。彼女は古生物学とは別の論拠に基づき、西欧科学の権威を批判していた。化石がないというのも、彼女には噴飯ものに思えるようで、それこそ古生物学者たちに確証バイアス〔自分に都合のよい情報ばかりに目がいき、そうでない情報は軽視される傾向〕が存在する何よりの証拠であった。彼らは西欧のドグマに毒されており、年代の新しい地層からウマの化石が見つかっても植民地時代のものとみなすというわけだ。それはともかくとして、このように化石がないのは、とりわけ、衰退している集団、徐々に数を減らしている集団がいたことを示しているのかもしれない。そうであるなら、化石がたくさん残っていなくても不思議ではない。化石がないことは絶滅を意味しない。

定説の絶滅年代より新しい堆積物のＤＮＡの痕跡

実際、西欧科学の論拠は成り立たなくなるかもしれない。化石以外の痕跡から、公式の絶滅年代以降何千年もアメリカにウマがいた可能性が出てきたからだ。それは一万五〇〇〇年前を示しており、絶滅年代はおそらく、少なくとも三〇〇〇年は先延ばしできそうである。たまにはこんなことも起きるのだ。

その痕跡は目に見えるものではなく、分子、正確にはＤＮＡである。化石が見つからないので、科学者たちは堆積物をあたってみることにした。ウマの亡霊でも見つかればよいと期待したのである。ＤＮＡが見つかる確率はきわめて低いように思われた。文字どおり塵《ちり》になった過去の痕跡を見つけようとしていたからだ。しかしながらコペンハーゲン大学のエスケ・ウィラースレフ教授は二〇〇三年にはもう、天才的な直観でそのことを考えていた。シーケンサーがこんにちのように恐るべき力を持つようになる以前、彼は、シベリアの地層からケナガマンモス、あるいはモア――アベル・タスマンがニュージーランドを再発見した時代にまだ生きていた飛べない鳥――のような絶滅動物の遺伝子の断片を見つけていた。

要するに、シーケンシングの技術はすでに真価を発揮していた。エスケは、一〇年近くにわたり私が在籍していたコペンハーゲン大学の上司だったが、当然ながら、その技術を北アメリカの永久凍土の堆積物に適用した。アラスカのフェアバンクスの北でボーリング調査を行ったのである。一万五〇〇〇年前から七六〇〇年前の地層で採取したシーケンス（塩基配列）のなかに、マンモスやバイソン、ヘラジカとともに、エクウスのシーケンスも見つかった。おそらくウマのものである。さらに、この手がかりの上にある地層からも、下にある地層からも、この種の遺伝子は見つからなかった。そのため、それは現代のウマの痕跡であって、ウマの排泄物が地表から染み込み、この貴重な地層を汚染したとは考えられなかった。さらに、それはもっと昔の動物に由来し、下からこの地層まで上昇してきたとも考えにくいように思えた。それでは重力の法則に反することになる。したがって、ウマはおそらく絶滅していなかったと考えるのが合理的だろう。イヴェット・ランニングホース・コリンの論拠は、彼女が目の敵にしていた西欧の最先端の科学と同じレベルで、思いがけず裏づけが得られたことになる。ただし、この地層について別の遺伝子検査が行われ、はっきりそれと確認されればの話である。

いままでは、北アメリカの永久凍土の数か所で調査が行われている。さらに、現在採取されている最新のシーケンスはおよそ六〇〇〇年前のものである。しかしながら、より古い堆積物に比べてはるかに数は少なく、ときには数千年間姿を消したのち、再び散発的に現われることもある。これは明らかに数が減っていることを示している。分布域は環境のなかで連続しているというより、点在している。比較として、同じ遺伝子測定法によると、ヘラジカとトナカイはかつてもっと数が少なかったと思われるが、一万三〇〇〇年前以降、比較的大きな位置を占めるようになった。要するに、こうした調査全体が一致して、地質学者が完新世［約一万一〇〇〇年前から現在まで］と呼ぶ年代の半ばまでアメリカでウマが生きていたことを示しているようである。以上のデータだけでも、ウマは絶滅したとする私たちの認識は怪しくなる。もしそうであるなら、最終氷期後に動物の皮をまとった人類の集団が数を増やし、大型哺乳類の多くを手当たりしだいに狩ってあっという間に絶滅させたとする「ブリッツクリーク（電撃戦）」モデルは成り立たなくなる。絶滅した大型哺乳類のなかにはウマだけでなく、ケナガマンモスを始めとするほかの大型草食動物もいたのである。

しかし、思い違いをしてはならない。そのような研究結果によってイヴェット・ランニングホース・コリンのモデルが成り立つ可能性があるとしても、定説と認められたわけではない。目下のところ、アメリカ原産のウマがヨーロッパ人による地理的発見の時代まで――六〇〇〇年前から一五世紀まで――生きていたことを示す証拠は何もないのである。古生物学からいっても分子生物学からいっても五〇〇〇年以上の空白があり、スペイン人征服者のウマとアメリカ原産馬の最後の生き残りが出会うのは無理である。だがこのモデルは、最初は突拍子もないように思えたが、突如として、それほどあり得ない話ではなくなった。きちんと調べてみるだけの価値はある。というわけで、私もその方向でメールを送った。そして、当時はまだどうなるかわからなかったが、それをきっかけに新たなプロジェクトが始まり、イヴェット自身が三年近く私の研究所で仕事をすることになる。「ボタイウマと現代の家畜ウマの真の素性を明らかにして以来、ウマの歴史に対する私たちの認識に意外な展開が生じるのは、これが初めてではありません。それに、様々な事実によって反論が可能なのに、ウマの歴史に対するヨーロッパ中心の見方が広がり続けるのは、私の本意ではありません。それでは、あなたの属する民族固有の知識を全否定することになります。ですからぜひとも、進化遺伝学という最先端の道具を使って、あなたの提案するシナリオを検証していただきたいと思います」

共同プロジェクトの舞台裏

イヴェットは私と会う約束をとりつけ、ただちにトゥールーズの研究所を訪れることになった。話はとんとん拍子に進んだ。彼女は「聖なる道」保護区の存在を教えてくれた。彼女と夫のショーンはそこをアメリカ在来馬の保護区とし、ラコタ族を始め、シャイアン、チェロキー、アパッチなど多くの先住民族が飼育するウマを集めていた。一部のウマの系図はよく知られており、一九世紀初頭までさかのぼるものもあった。それらのウマのゲノムを調べれば、かつて北アメリカ大陸に生息していたウマに直接つながる祖先の血がどの程度混じっているか測定できるかもしれない。私たちはすでに、三万五〇〇〇年前から二万八〇〇〇年前に現在のカナダのユーコン準州に相当する場所に生息していたウマのゲノムの塩基配列を決定していた。計画はこうである。聖なる道保護区のウマとカナダのウマが共通して持つ遺伝子の比率を測定し、アメリカやほかの地域のウマ、家畜ウマや祖先と同じ暮らしをしている野生のウマから見つかるものと比較するのである。私たちはほかのアメリカのウマ、とくにあの有名なムスタングや、ロサンゼルスのサンタクルーズ島のウマのような異なる集団も調べることにした。サンタクルーズ島のウマは、スペイン人征服者が旧世界から持ち込んだ最初のウマの直系の子孫として知られている。

もしイヴェットが正しければ、つまり先住のウマとムスタングが混血していたなら、まず、三万年近く前のカナダのユーコンのウマと遺伝的につながるはずである。そしてそのつながりは、ムスタングや聖なる道保護区のウマのほうが、別の地域のウマ、とくにその祖先が一度もアメリカに足を踏み入れたことのないウマより強いはずである。実験計画が整い、いよいよイヴェットが支持するモデルを検証することになった。そのとき私は、遺伝子というツールが持つ力だけでなく、結果の重みと影響を意識して彼女にこう告げた。「もしそれが見つかったら、あなたのモデルは西欧の科学に受け入れられるでしょう。そうなれば、ウマの歴史、実際にはごく短い歴史をめぐる最大の神話のひとつを、私たちは明らかにしたことになります。でも、直接の遺伝的つながりが見つからなければ、西欧の科学が公式に唱える学説は神話でないことを受け入れ、その結果を公表しなければなりませんよ」。彼女はまっすぐに私の目を見て言った。「わかっています。いよいよそのときが来ました。私はそのために、ここに来たのです」

こうして計画は実現の運びとなったが、まだいくつか不備な点が残っていた。現存するウマは、たとえその血筋が一九世紀にさかのぼるとしても、征服者の時代に生きていたウマとは違うからだ。理想を言えば、一六世紀のウマ、植民地時代初期のウマのＤＮＡを調べることが望ましかった。そこに登場したのが、コロラド州ボールダー大学のウィル・テイラー助教授である。ウィルと私は数年前から、ステップのウマの起源について共同で研究していた。私たちが初めて出会ったのはモンゴル、鹿石《しかいし》と呼ばれる古墳で出土するウマを調べていたときだった。ときに巨大なものもある古墳の中央に墓石があり、その真上にひとりの人物が埋葬されていた。周囲に石が置かれ、かなり大きなサークルを形成していたが、石の下からしばしばウマの頭骨が見つかったのである。それはあたかも死者に捧げられているかのようだった。この古墳は、青銅器時代末期から鉄器時代初期にかけて、モンゴルに最初の強力な階級社会が出現したことを示していたが、それはまた別の話だ。私たちに関心があるのは、ウィルがボールダー大学に戻ろうとしたとき、私にもちかけた別のプロジェクトである。それは、アメリカ植民地時代のウマと騎乗の実際について、考古学の手法を用いて調べるというものである。まさにグッドタイミングだった。

遺伝子の側面を越えたプロジェクト

ウィルは新たな発掘に取りかかるとともに、各地の博物館に収蔵されている歴史的なウマの骨をすべて調査しようとしていた。それらを形態学的に研究し、人間が乗り、世話をし、餌を与えていたウマかどうかを示すわずかな手がかり、要するにウマが当時の人間とどのような関係を持っていたのかを示すわずかなサインを精査しようとしたのである。さらに、ウマが同一の領域で暮らしていたかどうかを知るために、詳細な化学分析にもかけようとしていた。歯の中に存在するある種の元素（ストロンチウム同位体）を測定するのである。それらの元素は、私たちの飲料水や摂取する食物を通して体内に入るので、組織中の元素の含有量は、それが形成されたときに私たちが生きていた環境を反映している。ボタイの遺跡のところでこの原理を説明したことを思い出していただきたい（第2章を参照）。ただしここでは、一本の歯をミリ単位で繰り返し測定し、その動物が生涯を通じて同じ環境にいた――含有量は一定――かどうか、あるいは反対に、別の環境に移動したかどうかを推定する。環境の化学的組成はそれぞれ非常に異なり、動物にその特徴的な組成を見つけることは、頻繁に訪れた環境を正確に特定するためのトレーサーになる。そうした信頼性の高い技術を使えば、私たちはおそらく、一六世紀以降の歴史的なウマがどこで生きていたか、どの程度移動していたかわかるようになるだろう。ウィルはまた、炭素14年代測定で得られた結果を細かく計算することにより、それらの動物が死んだ年代を推定できるだろう。私のほうは、研究室でそれらのウマのDNA塩基配列を決定し、その遺伝的祖先について解析することに専念する。こうして最終的な実験計画が決まった。それは一分の隙もない計画だった。イヴェットが熱心に説く歴史モデルは、これから厳密な検査にかけられることになる。私たちは結果が出るのを、手ぐすねを引いて待っていた……。

アメリカのウマ――その真の歴史

総合的な判定を下すまでに、数年がかりの作業を要した。聖なる道保護区のウマ三一頭のゲノムの塩基配列を決定したあと、さらに北アメリカの近代のウマ二五頭のゲノムを調べなければならなかったからである。そのなかにはムスタングやサンタクルーズ島のウマだけでなく、一六世紀にスペインからメキシコに渡ったガリチェーノのようなヒスパニック系の馬種、アルゼンチンの考古遺跡やアメリカ南西部の平原から出土した有史時代のウマ一九頭も含まれていた。ゲノムの性質が明らかになったところで、どのタイプのウマに最も近いのか決定していったが、答えは一貫して同じだった。いずれも私たちがDOM2と呼んでいるウマ、四二〇〇年前にドン・ヴォルガ下流域で家畜化されたウマの子孫だったのである。私たちは念のため、これまで別の場所でゲノムを調べたすべてのウマも比較対象に加えた。地理的発見の時代以降にアメリカで見つかるウマはすべて、どこかしら系統が異なるように見えるからである。しかしその遺伝子型は、征服され植民地化されるはるか以前にアメリカの極地地方に生息していたウマのものとは違っていた。そのゲノムは反対に、旧世界の現代の家畜ウマの特徴を持っていた。その系統は、四五〇〇年前にはまだ完全に形成されていなかった。つまりその主たる起源は、旧世界のどこか別の場所に位置づけられることになる。

さらに、私たちの測定結果によれば、新世界起源をうかがわせるゲノムの部位は、分析した動物の一部にまったくなかった。ほとんど検出されず、ほかのウマでも一%に届かない。これは、旧世界の種に由来する一部のウマにときおり見られるものとほぼ同じレベルである。このようにごくわずかなゲノム比率であるのは、すでに述べたように、数万年前の氷河期にベーリング地峡を渡ったことを示している。スペイン征服者のウマが一六世紀までアメリカに生き残っていた祖先の系統のウマと交雑したなら、こうはならない。なぜなら、この祖先が接触した場所、すなわち私たちのデータにあるアメリカの歴史的なウマのなかにはっきり現われないはずがないからだ。したがって、イヴェットが強く勧めるようなモデルの予想ははずれたことになる。

だが、話はそこで終わらなかった。私たちが調べた最も古い歴史的なウマは、遺伝的に、DOM2の系統のなかでも一部のウマにとくに近かった。イベリアのウマとまさに瓜二つだったのである。この遺伝的特徴が変化して、イギリスのウマにより近い特徴を示すようになるのは、一九世紀以降のことである。これは偶然とは考えられない。最初にスペイン、次にイギリスの植民地になったという歴史的事情を反映している。つまりアメリカのウマの血筋も、植民地化の傷跡をとどめているのである。公式のウマの歴史がヨーロッパ中心のものになったとしても、ここでそれを問題視するのは当たらない。こんにちアメリカの大地を踏みしめているウマは、入植者たちが旧世界の出身地から連れてきたウマの子孫であって、旧世界のウマとかつてアメリカ大陸に生息していたウマが混血したウマの子孫ではないからだ。つまり、かつてアメリカ大陸に生息していたウマが絶滅したことはほぼ間違いない。その時期はおそらく、これまで信じられていたように更新世末（一万三〇〇〇年前）というより、堆積物中のＤＮＡから明らかなように完新世半ば（六〇〇〇年前）だったと思われる。だが、結果は変わらない。かつてアメリカ大陸に生息していたウマは直接の子孫を残さなかったのである。

スンカワクハンの民

私たちのデータはイヴェット・ランニングホース・コリンの説の中心を成す要素を裏づけるものではなかったが、別の要素、私に言わせればそれと同じくらい中心的な要素については正しいと認めた。アメリカ大陸のウマに関する公式の歴史はヨーロッパ中心の見方で書かれたものだということである。説明しよう。一九世紀初頭以前の北アメリカ大陸の実状を伝える直接の史料はほとんどない。たとえば、公式の歴史では、一六八〇年のプエブロ族の反乱以降――流血のうちに鎮圧されたがスペイン人の入植が一二年ほど中断した――、アメリカ南西部（当時はまだアメリカ領ではなかった）の大草原にウマが広がり始め、数を増やしていったとされている。この説では、この年代以前、平原の先住民はウマの利用を中心にした生活様式を確立し始めていなかったことになる。だが、ウィルが行った炭素14年代測定によると、話はまったく異なる。ワイオミング州のブラックズフォートに埋められていたウマの骨、カンザス州のコー川で見つかったウマの骨は、一六世紀後半から一七世紀初め頃の年代を示していた。私たちが二〇二一年にアイダホのサンプルから推定した年代も、同じ頃である。さらに、骨の痕跡から、先住民がウマに獣医の治療を施していたことが明らかになっている。私たちが分析した最古のウマの一部を調べたところ、頭蓋骨をひどく骨折しながら生きていたことがわかったのである。化学分析では、それらのウマの何頭かがアメリカ原産の植物であるトウモロコシを与えられ、一生のあいだに、当時ヨーロッパ人入植者が支配していた世界の果てをさらに越えた領域までたびたび移動していたことが明らかになっている。ということは、それらのウマはアメリカ先住民のウマで、先住民は、歴史の本に書かれているはるか以前にウマと特別な関係を築いており、新しい生活様式、新しい文化を短期間のうちに発展させたことになる。イヴェット・ランニングホース・コリンは、彼女が一度も会ったことのない人々の話を集め、私たちが見落としていた歴史の一端を明らかにした。先住民は早くからウマと関係を結んでおり、それまでとは異なる民族、ラコタの言葉でウマを意味するスンカワクハンの民といえるものになっていたのである。

このプロジェクトでは新たな展開がたくさんあり、どれをとっても、人間的な面と科学的な面で教えられることが多かった。異なる大陸、異なる文化のあいだでプロジェクトがスムーズに進んだと言えば、嘘になるだろう。それぞれの文化は根本的に異なる概念のベースの上に成り立っており、ときに、相手の言語を翻訳する言葉が見つからないこともあった。たとえば、ラコタの言語に野生動物と家畜の概念は存在せず、両者を区別する考え方もない。私たちの研究の中心を成すウマの問題を超えて、この仕事にはそれと同じくらい重要なことがあった。対等な立場で、相互理解を深めること。そして、建設的な意見交換を可能にするための基盤を築くことである。忍耐、尊重、相互信頼によってそのような状況に至ったからこそ、私たちは困難な条件と歴史の重みを乗り越え、科学的データを得るのに欠かせない強固な実験体制を築き、得られた結果の深い意味について意見を一致させることができた。私たちはこうして、植民地にされた苦い過去を持つ民族とのあいだで、平和的な関係の基礎を再び築くことができたのではないかと思っている。イヴェット・ランニングホース・コリンもそのような気持ちで、メッセージを締めくくったのではないだろうか。彼女のメールの最後に「ミタクエ・オヤシン」とあった。これは単に「親愛をこめて」とか「心より」などと訳されることが多いが、いまではその深い意味が理解できる。「私につながるすべてのものの名において」と彼女は言いたかったのだ。自然のなかにあるものはすべてつながっている。私たちふたりも、私たちのウマも。そして、さらに多くのものとつながっているのだ。

第11章　サラブレッド

競馬場から姿を消したウマたち

金属製の出走ゲートに入るとき、バーバロは見るからに神経を高ぶらせていた。一度スタートに失敗しており、プレッシャーは最高潮に達していた。プリークネスステークスが始まろうとしていた。プリークネスステークスはアメリカのクラシック三冠レースのひとつで、ベルモントステークスとケンタッキーダービーのあいだに行われる。さらにバーバロは二週間前のケンタッキーダービーを制しており、それも楽勝だった。実際、一九四六年以来という、六馬身差をつけての圧倒的勝利だった。その日にまた勝てば、一世紀近いアメリカ競馬史上、一一頭しか達成していない三冠馬のタイトルに手が届くところまで来ていた。つまり、こんにちなおその偉業が称えられる、不滅の名馬の仲間入りを果たすことになる。かつてアメリカの競馬場を走った最高の名馬の一頭、セクレタリアトのように。このウマが三つのレースそれぞれで出したレコードタイムは四〇年以上破られなかった。二〇一八年、セクレタリアトがダービーで優勝した日につけていた蹄鉄のひとつが競売にかけられ、八万ドル以上の値がついた。要するに、その日バーバロが勝利すれば快挙になるはずだった。

二〇〇六年五月二〇日、三歳になったばかりのバーバロは本命でレースに臨んだ。一度スタートに失敗して二度目にゲートが開いたとき、競馬場に詰めかけた一三万近い観衆も、テレビ画面で中継を見ていた何百万もの視聴者も、国中の人々が固唾をのんだ。今度はうまくスタートした。レースのすべり出しは上々だった。さらに、バーバロと騎手は早くも、先行集団のなかで絶好の位置につけていた。すべてがうまくいけば二分足らずで一九〇〇メートルを走りきり、競馬ファンの賭けの結果が判明する。そしてこのウマが勝利し、伝説に入るかどうかも。

だが、手に汗を握る場面はあっという間に終わりを告げた。ウマは最初のコーナーにも到達しなかったからだ。スタートして間もなく、バーバロはぴょんぴょんと跳ね始めた。競走相手たちは全速力で走り続け、本命をはるか後方に引き離していった。バーバロは後ろ脚をまっすぐ地面につけることもできず、つんのめりそうになりながら、三本脚でやっとのことで止まった。すぐに骨折だとわかった。バーバロを担当していたニューボルトン・センター病院の獣医師が実際にそう診断を下し、なんとかウマを救おうとしたが、助けることはできなかった。プリークネスステークスでの事故から八か月たった二〇〇七年一月二九日、ウマは手術後に多くの合併症を併発し、安楽死させられた。

静かな大量殺戮

残念ながら、バーバロは特別なケースではない。むしろ氷山の一角である。しばらくアメリカを離れ、オーストラリアの状況を見てみよう。この大陸でも競馬はさかんで、毎年開かれる距離三二〇〇メートルのメルボルンカップは、オーストラリアで最も権威のあるレースである。一等賞金六二〇万オーストラリアドル——四〇〇万ユーロ近く、勝ち馬投票でさらに二億二〇〇〇万が加わる——のこのレースは、現地の言い回しによれば、「国中が動きを止める」ほどの人気を誇る。二〇一〇年に競馬に関連して二三〇億近い金が流れたこの国にとっても、これはかなりの金額である。しかしながら、二〇一三年から二〇二一年までに、この伝説のレースに出走した八〇頭のサラブレッドのうち七頭が、そのあと生き続けることができなかった。たとえば二〇一四年には、本命のアドマイヤラクティが、しんがりでゴールしたほんの数分後に心臓の不整脈で死んだ。競馬場の廏舎に戻った直後のことだった。七着でレースを終えたアラルドは、脚の骨が折れ、廏舎に戻ったときにはもはや手の施しようがなかった。一七世紀の有名なオランダ人画家の名を持つアンソニーヴァンダイクは、二〇二〇年のレース中に骨折して同じ運命をたどり、すぐに安楽死させなければならなかった。メルボルンカップだけではない。オーストラリアの全国統計によると、二歳から三歳でレースに出るようになったウマのうち、二年後もまだ走っていたのは半数にも満たなかった——正確には四六％足らず。つまり、投じた金と同程度の損失が生じているのである。

というのも、ウマの体は六歳にならなければ完全に成熟しない。そして、骨折あるいは筋肉や腱の裂傷による怪我のリスクが大きいにもかかわらず、多くのウマがほんの生後一八か月でトレーニングを始めるからだ。人間なら、たった一〇歳の子どもがプロの競技会に出るようなものだ。ウマの寿命は短いので、時間をかけて育てようとしないのだろう。二歳馬のレースに出ればときに途方もない報酬が得られる——マジックミリオンズで二〇〇万オーストラリアドル（約一三〇万ユーロ）——となれば、なおさらである。そのため当然ながら、経営計画に従って投資した分を早く回収しようと、牧場の馬を早くデビューさせるよう、しばしば馬主たちにプレッシャーがかかる。このような状況では、#enoughisenough（もうたくさんだ）、#youbettheydie（あなたが賭けると彼らは死ぬ）、#nuptothecup（カップにノー）など、競馬を批判するハッシュタグがいくら増えても無駄であるし、競馬場でウマが重いつけを払わされていることをオーストラリア社会が急速に認識しても、何の効果もない。二〇一〇年から二〇一八年までにさらに四〇億ドルが競馬に関連した事業につぎ込まれ、その額は二七〇億ドルに達したのである。

こんにちの薬物利用

アメリカとケンタッキーダービー、バーバロの最後の勝利に話を戻そう。サラブレッドの三歳馬メディーナスピリットもこのレースに出走し、一着になった。二〇〇六年ではなく二〇二一年のレースである。しかしながらその勝利は、いまなお論議を呼んでいる。レース直後に行われた薬物検査で陽性になったからである。それでも調教師のボブ・バファートは、カリフォルニアのサンタアニタのレースにウマを出走させようとした。その間に関係機関は、ケンタッキーダービーの優勝を取り消す決定を下した。だが、この処分は免れることになる。不運なウマは、サンタアニタダービーの数日前に最後のウォーミングアップで命を落としたのである。突然の心臓発作だったとされている。この事件はカリフォルニアの競馬界を揺るがしたが、それはレースが台無しになっただけでなく、たぐいまれなウマが早死にしたから。それはまた、調教師の問題行動を浮き彫りにし、その影響は競馬界全体に及ぶからである。

というのも、尿から違法薬物が見つかったバファートの調教馬は二〇二一年だけで、メディーナスピリットが五頭目だったからだ。同じく彼が調教したウマで二〇一八年に三冠を達成したジャスティファイも、検査で陽性だった。実際、バファートが調教したウマで尿検査にひっかかったものは、三〇頭近くにのぼる。「ワシントン・ポスト」紙は二〇〇〇年以降、調教したウマのうち少なくとも一頭が死んだ調教師のリストを作成したが、それによると、バファートの調教のもとで死亡したウマは七五頭を下らず、そのなかにケンタッキーダービーとプリークネスステークスの優勝馬が七頭、ベルモントステークスの優勝馬が三頭含まれている。一九七八年以降に三冠を達成したすべてのウマの調教師を務めたことから、この人物は競馬史上最も誉れ高い調教師のひとりとされている。要するに、バファートはその手腕によって数々のチャンピオンを世に送り、三億二〇〇〇万ドル以上の利益をもたらした。だが、そののためにどれほどの代償を払ったのだろう？　かなりの数の優勝候補を死に追いやったのではないだろうか。

だが間違えてはいけない。「ワシントン・ポスト」紙が公表したリストでは、バファートは一番でも二番でもない。三番なのである。リストの上位一〇人にランクされた調教師だけで、六一七頭のウマを失っている。トップはジェリー・ホーレンドルファーで、一二二頭。これは全体の五分の一に相当する。ホーレンドルファーとバファートは並外れた数の優勝馬を手がけたことから、サラブレッド調教師の殿堂入りを果たした。要するにバファートの調教方法はとくに珍しいものではなさそうなのである。

だがメディーナスピリットの物語には、「フィールグッド・ストーリー（心温まる物語）」の要素がすべてそろっている。このウマはたったの三万五〇〇〇ドルで買われながら、あっさりと数億ドルの優勝賞金を稼ぎ出した。それだけではない。このウマは本当のアウトサイダーだった。アメリカ最高峰のレース、ケンタッキーダービーで勝つとは誰も期待していなかった。レースが始まったとき、その賭け率（オッズ）は一二倍だった。薬物検査でベタメタゾンが検出された。この合成副腎皮質ホルモンは、関節接合部の腫れと痛みを緩和することで知られる。悪いうわさが広がり始め、それはサンタアニタで死ぬまで続いた。二〇一三年に謎の死を遂げた別の七頭も、バファートの調教を受けており、とうとう調査が開始された。その結果、サイロキシンというホルモンが異常な濃度で存在することが明らかになった。このホルモンは通常、甲状腺でつくられ、生物の代謝を促進する。その効果により、勝ちにこだわる一部の調教師に使われていると思われる。しかし現在、サイロキシンを過剰に摂取するとレースのパフォーマンスが低下し、心臓の不整脈を引き起こして死亡する場合のあることがわかっている。

昔の薬物利用

アル・カポネの時代から一九七〇年代まで、ウマのパフォーマンスを上げようとしてコカインを服用させるのは、珍しいことではなかった。その効果はときに期待されたものとは正反対だったが、自分のウマを勝たせるための方法はほかにもあった。手強い競走相手を排除するために砒素《ひそ》が使われることもあった――ファーラップのケースを思い出していただきたい（第2章を参照）。それほど過激ではないが、同じくらい残酷なものとして、ウマの鼻にスポンジが詰められることがあった。呼吸がしづらくなり、走る速度が落ちることは、容易に想像できる。だが、この時代以降、興奮作用のある薬物の種類が増え、使い方も巧妙になった。当局の規制にひっかからないよう、量を調整して複数の薬物を混ぜ合わせるのは、よく使われる手口のひとつと思われる。

この点で、フロセミドとフェニルブタゾンの組み合わせはとくに好まれるようである。フロセミドは尿の量を増やすので、薬物検査のとき、体の働きを活発にして疲労を感じさせない抗炎症剤、フェニルブタゾンの濃度を許容範囲にとどめるのに役立つ。フロセミドの使用はヨーロッパでは禁止されたが、アメリカではまだ認められている。ちなみに、興奮剤になる薬物に関する規則と許容範囲を定めている国際協会ARCIのデータによると、バファートが調教したウマは、公式レースで一四回にわたり、フェニルブタゾンの許容限度を超えていたようである。競馬で禁止されている別の物質スコポラミンは、肺の細気管支を拡張させる効果があり、ウマの呼吸と心拍のリズムが改善される。これは偶然だろうか。三冠を達成したバファートの二頭目のウマ、ジャスティファイは、ケンタッキーダービーの出場資格がかかった二〇一八年のサンタアニタのレースで、この物質に陽性反応を示している。

状況は徐々に変わりつつある。死亡するウマがとくに多いいくつかの競馬場が閉鎖されたからである。その間にも公式の調査で、その多くが説明のつかない突然死や、たいてい安楽死にいたる事故をめぐる状況が明るみに出された。たとえばサンタアニタでは、こんにちゼロ・トレランス政策［細部まで罰則を定め、違反した場合は厳格に処分を行う方式］がとられている。二〇一九年にカリフォルニア州政府は、二九頭のウマが死亡したことから、シーズン中のレース停止を発表せざるを得なかった。それでもなお、アメリカで出走予定のウマ二〇〇〇頭につき、平均して三頭が死んでいる。この数字はカリフォルニア州に限れば七頭にはね上がる。これはホンコンの六倍近く、イギリスのほぼ一〇倍に相当する。アメリカ大陸のみで開催されるレースに関していえば、毎年数百頭が早期に死亡している。

薬物の使用がこのような数字と無関係でないのは当然である。すでに挙げたスコポラミンのような薬物、ウマの呼吸機能を増進させる薬物は、肺出血を引き起こす可能性があるからである。また、エポジェン社が商品化し、スポーツ界で禁止されているホルモンは、原則として貧血の治療に処方される。血中の赤血球の産生を増やし、血液が濃くなるため、呼吸機能が強化されるが、心臓発作や、脳や肺の塞栓症のような重大事故を引き起こすことがある。その痛みを緩和するため、蛇の毒が使われることもあるという。そのような薬を与えられたウマはいつも以上にがんばるかもしれないが、そうと知らずに体調を悪化させている可能性がある。馬体が発する警告のシグナルを感じることがないからだ。

限界に達した脆弱な馬体

化学物質で力を与えられているにもかかわらず、サラブレッドの死は、調教やレース中の骨折のあとに訪れることが多い。その多くが非常に若く、過度の調教を受けているウマたちは、体力の回復や休息に必要な時間を与えられていないからだ。そして、時速七〇キロ近いスピードで走って脚の骨が折れると、しばしば死の宣告を受ける。サラブレッドの足はきわめて華奢だと言わなければならない。骨を保護する組織がないので、骨折するとしばしば皮膚が破れ、たちまち細菌に感染する。血管が切断され、四肢の血液循環が断たれることもまれではない。このような併発症が避けられ、骨折が修復されたとしても、体が大きいため治療は困難である。ウマの体重は平均して五〇〇キロ近くに達する。競走馬が数週間、三本足で体重を支えるのは難しい。慢性的にバランスを欠いた状態でいると、蹄葉炎《ていようえん》になる可能性がある。専門用語で散発性無菌足皮膚炎と呼ばれるこの病気は、すべての生産者にとってナンバーワンの大敵である。脚にある種の急性炎症が起こり、治療は困難である。前四〇〇年頃にクセノフォンがすでにこの症状を記述しているが、極端な場合は指骨で蹄に穴があき、最終的に死に至る。

厳しく監視される繁殖

サラブレッドはまさに競馬産業の中心に位置しており、アメリカ一国をとっても、毎年三四〇億ドル近い収入と、獣医クリニックや厩舎、さらにトレーニングセンターや競馬場でおよそ五〇万人の雇用を生み出している。競走馬のパフォーマンスがなにより肝心だとしても、その繁殖もそれに劣らず重要である。足の速いウマを代々つくり出すとともに、グローバル化した産業の需要を満たすだけの数の子ウマを毎年生産しなければならない――およそ一〇万頭――からである。だから、ウマの繁殖を偶然に任せるわけにはいかない。それどころか標準化され、最適化され、収益化されている。

すべては子ウマがいつ生まれるかにかかっている。北半球では協定により、本当の誕生日がいつであろうと、すべての子ウマの年齢は生まれた年の一月一日に決められている。それはレースを組みやすくするためである。同じ年齢群（コホート）に属しているとわかれば、二歳馬、三歳馬など、それぞれのウマが参加できるレースを決めることができる。こうして、同じ年の元日、復活祭、クリスマスの夜に生まれた子ウマが、レースで対決することになる。最初に生まれたウマが実際には、最後に生まれたウマより一年ほど余分に生きていても、まったく問題はない。公式の記録簿では同じ年齢になっているからだ。しかし子ウマが二歳になって正式にレースに出るとき、最初に生まれたウマの体格とその勝利のチャンスは間違いなく、最後に生まれたウマよりはるかに大きい。

このようにサラブレッドのレースは、実際には競馬場で始まるのではない。生産者にとって重要なのは、繁殖シーズンにできるだけ早く妊娠して出産を終えるよう条件を整えることである。同じ方式は南半球にも見られ、唯一異なるのは、季節が反対なので全体の誕生日が八月一日になっていることだけである。

スケジュールどおりに子ウマを産ませるには、スムーズな繁殖を可能にする技術を用いることが前提となる。将来の母ウマは、冬になると屋内にとどめられ、人工照明を当てられる。その時間は毎日少しずつ長くなる。だんだん日が延びて春が近づいたと思わせるためである。こうして一年のより早い時期に、繁殖に関連するホルモンのサイクルが始動するようになり、排卵も早まる。もちろん、自然のメカニズムがなかなか始動しなければ、合成ホルモンの手を借りることになる。

ウマが性的魅力をアピールする余地などない。繁殖の準備が整ったあとも、それまでとまったく同じように進行する。ウマの月経周期は平均して二一日である。雄を受け入れられる期間は七日間しかない。将来の名馬を手に入れるために選んだ雄ウマを、最適なタイミングで引き合わせる必要がある。さらに、最初の交尾で受胎することが決定的に重要である。第一に、交尾するたびに金がかかるし、とりわけ、最適な出産スケジュールに遅れが生じるからである。言うまでもないことだが、獣医の多くが毎日エコー検査を行い、排卵の状況を観察している。

雌ウマが交尾に最適な状態にあるか確認する必要もある。そのために、代わりの雄ウマをあてがうことがある。これは、雌ウマのご機嫌をとってその気にさせるジゴロのようなもので、雌ウマよりはるかに小さいポニーであることが多い。雌ウマとつがう恐れがないからである。そのときが来ると、ポニーは引き離されて種牡馬《しゅぼば》に場所を譲るが、その前に雌ウマは、交尾の準備をするための場所に導かれる。そこで性器を洗浄し、雄ウマの大切なペニスを傷つけないように尾を縛る。また、興奮した雄ウマにかまれるのを防ぐためにあらゆる手立てが講じられ、雌ウマがあきらめて蹴ることができないように足枷《あしかせ》をはめる。雌ウマの上唇を紐で縛ることもある。こうすると、少なくとも一時的に、雌ウマのストレスを低減する効果があるようだ。

そこでようやく、本物の種牡馬の登場となる。雌ウマはこういったことに一度しか耐えられないが、種牡馬はほぼ連続して務めを果たすことができる。オーストラリアの種牡馬エンコスタデラーゴのように、とんでもなく忙しいシーズンを過ごすウマもいる。このウマは二〇〇八年に二二七頭という信じがたい数の雌ウマを相手にしなければならなかった。とくに優秀な血統であったためだが、交尾で大金を稼ぐからでもある。交尾の金額は、ノーザンダンサーの場合で一回につき一〇〇万ドルに達した。カナダの種牡馬ノーザンダンサーは、一九六三年にカナダの最優秀二歳馬、その翌年にも最優秀三歳馬に輝き、ケンタッキーダービーとプリークネスステークスを始めとする一二のレースで優勝したことから、優勝賞金五〇万ドル以上というかなりの金額を稼ぎ出した。それでも、引退後に得た収入に比べたら、ほとんど取るに足らない額である。最も評価の高い種牡馬が馬主にどれほど大金をもたらすかということだ。

大金がかかっているので、とくに経験の少ないウマはそのためのトレーニングを受け、ときに補助者が特別な器具を用いて交尾を手助けするほどだ。雌ウマのほうもエコー検査で、交尾後二週間で妊娠したかどうか確認できる。妊娠していなければ、次の月経周期が訪れたときに、再び交尾を試みることになる。エコー検査で双子だとわかると、流産のリスクを下げるために胎児の一方は排除される。すべて順調なら、一一か月後、チーム一丸となって細心の注意を払いながら、子ウマの出産を手助けする。しかし、母ウマが弱って子どもの面倒を見るのが難しければ、子ウマを乳母に預けることがあり、その雌ウマは自分の子どものように面倒を見る（もちろん成長過程に影響が出ないように引き離される）。いずれにせよ、それから一か月もたたないうちに、再び地獄のサイクルが始まる。一一か月の妊娠期間が終了するとともに、新たな年度が始まるからである。

くじ引きのような一生

競走馬の道へ進むのは、子ウマのおよそ三分の二と推定される。その前に怪我をするウマもいれば、潜在的な種牡馬として飼育されるウマ、単に不適格と判定されるウマもいる。反対に、よい星のもとに生まれ、二年目に途方もない値段がつくウマもいる。名馬ノーザンダンサーの数多い息子の一頭であるスナフィダンサーは、一九八三年の競りで史上最高額の一〇〇〇万ドルを超す値がついた。歴史の皮肉と言おうか、このウマが公式レースに出ることはなかった。トレーニングのタイムが遅すぎ、レースに勝つ見込みがまったくなかったのである。おまけに生殖能力にも問題があり、種牡馬としてもほとんど役に立たなかった。遺伝子のくじ引きは、たまに当たるが、はずれることもある。よりよいチャンスをつかもうとどんなに手を尽くしても、うまくいかないことがある。

結局のところ、サラブレッドの一生は、これほどエレガントな動物に対して人々が思い描くような、ロマンチックなものとはほど遠い。受胎の段階からしてきわめて厳しく——すでに見たように——、競馬場でも厩舎でも、トレーニングの連続である。レースを引退したら、幸せに暮らしてほしいと思うだろう。大多数のウマにとってはそうなるが、家畜処理場に送られ、ペットフード用の肉のミンチにされるウマもいる。最高の名馬だったウマの中にもそうなるものがいる。

バーバロより二〇年早く一九八六年にケンタッキーダービーを制して引退したファーディナンドがそうだ。その年の最優秀競走馬に輝いたウマ、勝利を重ねて四〇〇万ドルを稼ぎ出したウマがあのように無残な運命をたどるとは、誰が予想しただろう。ファーディナンドはダービーに勝利した三年後にレースを引退し、当時、このウマと交尾させるには三万ドル支払わなければならなかった。しかしその子どもたちは、レースの成績が振るわなかった。交尾の評価額も急速に下落し、馬主の期待を裏切る結果となった。ファーディナンドは日本の飼育センターに売られ、そこで最後の六年を過ごした。最初のシーズンに七七頭の雌ウマと交尾したことから、当初はかなりの成功を収めたが、やがて再び関心は薄れていった。最後のシーズンには、たった一〇頭の雌ウマと交尾しただけだった。乗馬クラブに移籍する話が出て、二〇〇一年初頭にワタナベヨシカズという名の馬商人の手に渡った。翌年、ファーディナンドは行方知れずとなり、日本の地で死んだと言われている。

ファーディナンドの話が悲劇的なのは疑いない。だがそのおかげで、胸のむかつくような行為が横行していることが、白日のもとにさらされた。そしていまなお、多くのウマがそのような目に遭っている。その大半がレースに敗れたり、引退したりしたウマである。たとえば、世界第三位の競馬大国オーストラリアでは、動物保護の判例により、獣医師が医学的見地から安楽死の正当性を証明せずにウマを安楽死させることが禁じられている。だが、この法が適用されるのは、まだレースに出ているウマだけである。競走馬の役目を終えれば、地域によってそれほど強制力のない規則に従い、ウマの運命が決められる。そのため、非常に多くのウマが州の家畜処理場で生涯を終えている。クイーンズランド州を始め、ウマの幸せを保証するための法的枠組みのレベルは、おしなべて低い。

期待が持てるわけ

話がこれで終わるなら、気が滅入ってしまうところだが、ウマの生活条件を改善するために活動している人々がいることを認識する必要がある。自分のウマがトップでゴールするよう利益目当てでそうしている人々がいるかもしれないが、ウマを愛するゆえに問題を解決しようとしている人々もいるからだ。実際、世の中の流れを変えるために様々な活動が行われている。たとえば、#youbettheydie や #enoughisenough のようなSNSやハッシュタグのおかげで、私たちの社会は、これまで見過ごしてきた多くの行為に目を向けるようになった。また、競馬場をお払い箱になったウマたちへの支援を財政的に支えるため、NYRA（ニューヨーク州競馬協会）が中心になってファーディナンド基金が設立された。さらに、走れなくなったウマの受け入れセンターや療養センターの数も増加している。たとえばケンタッキー・エクワイン・ヒューマン・センターは、一五年前から、ウマの飼育に最も影響力のある州のひとつ、ケンタッキー州で、サラブレッドのみというスポーツ産業の品種制限を超え、すべてのウマに開かれた避難所を提供している。苦境に陥ったウマ、不適格と判定され捨てられたウマを一〇〇〇頭以上、引き取っているのである。この種のイニシアティヴを挙げたら切りがないのでこの辺でやめておくが、私たちには喜ばしい限りである。それとは別に、独自の方法でこの戦いに貢献するため、科学と獣医学の限界を乗り越えようとしているイニシアティヴもある。

一例として、腱の傷を治療する新しいアプローチを取り上げよう。腱を負傷すると苦痛を引き起こすだけでなく、しばしば、競技生活に終止符を打たなければならなくなる。たとえば二〇一二年、アイルハヴアナザーという雄ウマが一九七八年以来誰もなしえなかった快挙である三冠を達成しようとしていた。ケンタッキーダービーとプリークネスステークスを一着で通過し、ベルモントステークスで勝てば、誰もがうらやむタイトルが手に入るところだった。だが、腱にちょっとした傷を負ったことから、その道は閉ざされ、残された日々をコースの外で過ごさなければならなかった。このウマは種牡馬として競技生活を終えた。

腱のなかでも、ヒトのアキレス腱のように体重を支える腱には、運動をすると大きな物理的負荷がかかる。それらの腱は骨の土台に筋肉を結合させるにとどまらない。まさにバネのように機能し、収縮したときエネルギーを蓄え、弛緩したときエネルギーを放出する。この原理はさらに、柔軟性に富んだ背骨と組み合わさることで、ウマの駆歩（ギャロップ）が動物界で最も省エネな移動形態になるのに役立っている。ハイレベルのアスリートたちは、腱を断絶すると回復するのに数か月かかることを知っている。ウマもこの法則を免れない。腱の組織は比較的血管が少なく、細胞に乏しいので、生物学的プロセスでゆっくり修復されるという特徴があるからだ。さらに、一度傷つくと、その腱は元の耐久性や柔軟性を完全に取り戻すことはない。そのため、ウマがレースに復帰しても、健康面やパフォーマンスで深刻な問題を抱えており、再び怪我をするリスクが高くなる。

細胞治療へ

しかしながら、画期的な細胞治療が生まれつつある。それは、負傷した個所に直接、幹細胞を注入するというものである。ここで使われる幹細胞は、生物の発生過程で分裂する初期の細胞と同じ特性を持つ。分裂する力に加え、腱になる細胞や、特別なコラーゲン繊維をつくる細胞など、体のどんな細胞にもなるポテンシャルを持っている。もし、そのような幹細胞が胎児からしか得られないとしたら、私たちは当然ながら、解決不能な倫理問題に直面することになる。ひとりの傷を治療するために、もうひとりの成長を止めなければならないからだ。幸いなことに、幹細胞は成人の組織からも取り出すことができる。これは二一世紀初頭の大発見のひとつで、二〇一二年、その功績により日本の山中伸弥教授にノーベル生理学・医学賞が授与された。幹細胞を得るには、その細胞に働きかけ、発見者の名のついた複数のタンパク質、山中因子の産生——分子生物学で発現という——を促せばよい。そうしてできた幹細胞は、これが人工的につくられたものであることを示し、胎児の幹細胞と区別するため、人工多機能性幹細胞（iPS細胞）と名づけられている。

この原理に従えば、ウマから最も状態のよい組織を採取する——皮膚や脂肪、骨髄から採取することが多い——だけで、実験室で幹細胞を分離して誘導、維持できる。つまり、ウマが競技生活のあいだに負傷したら、その幹細胞を利用できるのである（自家移植）。別の因子の発現を抑制できれば、ほかの個体に注入することも可能である（他家移植）。さもなければ、外部の細胞が体内に侵入したことが宿主の免疫システムに伝わって免疫反応が作動し、怪我の治療にきわめて有害な炎症を引き起こす。この方面の試験が行われており、過去五年間に、有望な結果がいくつか出ている。炎症を抑え、細胞分裂が暴走して注入個所にある種の腫瘍、奇形腫（テラトーマ）が形成されるのを防げる可能性が出てきたのである。

自家移植については、二〇〇〇年代半ばから初期の臨床試験が行われている。治療後の経過は良好で、負傷して一二か月でレースに復帰することも可能になってきた。最近の研究では、治療後に腱のコラーゲン繊維が順調に形成され、治癒がより早まる傾向がはっきり確認されている。馬術の障害飛越競技では、治療から二年後の再発率が低下したようで、多くのウマが負傷前のパフォーマンスのレベルに戻った。こうした結果に力を得て、過度の運動に関連した別のタイプの病気、筋肉の裂傷や関節の軟骨の損耗、また、先述した悲劇的な蹄葉炎に対しても、同じような治療法が試験的に実施されている。それが頼りとする幹細胞は、局所的に増殖し、治癒のために組織が必要とするあらゆるタイプの細胞になる。また、化学的シグナルを発して別の細胞を活性化し、その反応も治癒に役立つのである。

遺伝子ドーピングで武装したレース

ウマを巡ってハイレベルのスポーツと最先端のテクノロジーが出会うのは、医学とは別の場所である。というのも、ここ数年、新しい形のドーピングが競馬場に侵入してきたからである。それまでは化学的なものだったドーピングが、新たな限界を越えようとしており、こんにちではしだいに遺伝子ドーピングが増えている。より正確には遺伝子導入（トランスジェニック）と呼ばれ、動物にただ化学物質を注射するのではなく、きわめて精巧な遺伝子構造物、動物自身の細胞でドーピング効果のある物質をつくらせるようなＤＮＡの断片、「ベクター」を注射する。たとえば、ＥＰＯの名でおなじみのホルモン、エリスロポエチン。これは赤血球の産生を活発にし、血中の酸素輸送力を増強させるため、自転車レースのツール・ド・フランスの選手がたびたび使用した。しかし、このような物質はほかにもある。実際にこうした研究の推進者たちは、このような新種のベクターを注射すれば、ドーピング効果の高い物質のまさにカクテルが分泌されると期待している。ごく最近の研究では、ＥＰＯ以外に三〇種近い物質がリストアップされている。こんにち、レースのパフォーマンスを向上させるための物質として知られているものだが、そのリストは近い将来、この分野の知見が増えるにつれて、もっと長くなる可能性がある。

すでにいくつかのテクノロジーが威力を発揮し、優勝馬の血液や尿からこうしたベクターを検出している。それは多くの場合、ＰＣＲ（ポリメラーゼ連鎖反応）という、ドーピング効果のある遺伝子に狙いを定めて増幅する技術に基づいている。そうした遺伝子はベクターの中に組み込まれており、自然状態で動物のゲノムに存在することはない。この技術はきわめて精度が高く、ほんの一滴の中からひと握りのコピーを探し当てることができるほどだが、現段階ではふたつの大きな限界がある。結局のところ、ツール・ド・フランスで七回優勝したランス・アームストロングは、ＥＰＯの検査で一度も陽性にならなかったのである。

第一に、注射されたベクターは私たちの細胞のＤＮＡに組み込まれることなく、やがて自然に体から排出されることを念頭に置かなければならない。つまり、それが見つかる可能性があるのは、ごく短期間であり、それはおおむね注射後三日程度である。だが、ドーピング物質の効果は長く続くことがあり、はるかに長い期間にわたって拡散することさえある。そこがまさに問題で、抜き打ち検査を繰り返し行わない限り、検査の回数を計算して検査をすり抜けることも可能である。

第二に、こうした一過性の導入遺伝子を増幅するには、そのターゲット、先述の遺伝子構造物が判明していなければならない。ところが、そこに含まれるものも(遺伝子)、その可能な配置も(遺伝子の配列と構成)、ほぼ無限にある。そのため不正をはたらく者は監視の目をかいくぐるために少し想像力を働かせ、不正を見破ろうとする者よりつねに一歩先を行くようにしている。というわけで、分子生物学の研究室で始まった追い抜き競争(パシュートレース)は、競馬が始まる前に勝負がついていると思わざるを得ない。血漿や尿から抽出したDNA全体の塩基配列がわからなければ、その個体が持つ染色体のヴァージョンとは似ても似つかぬ遺伝子が存在することを突き止められない。その種の成分をゼロから探すことを考えると、このレースでは最初から負けが決まっているのは明らかなように思われる。

パフォーマンスの追求

周知のように、サラブレッドの歴史は最初から、おもに同一の強迫観念に導かれていた。パフォーマンスの追求である。イギリス王チャールズ二世は大の競馬好きで、ロンドンに近いニューマーケットに競馬の殿堂をつくり、一七世紀初頭にスポーツとしての競馬の基礎を築いたが、たしかにその時代、レースはこんにちより長い距離で行われることがあった。少なくとも三〇〇〇メートル、ときに六〇〇〇メートルを超えることもあり、二四〇〇メートルが標準のこんにちのレースに比べてはるかに距離が長かった。一九世紀半ば以降、サラブレッドのレースは短距離レースになった(アメリカン・クオーターホースなどはもっと短い距離で競走する)。そのためサラブレッド生産者たちは、一五〇年以上にわたり、ただひとつの考えに従って選抜作業を行うことができた。それほど持久力のない二歳から三歳のウマを手に入れること、である。この程度の距離ならば、新たな活力を生み出すことはそれほど重要な資質ではない。そうではなく、全速力で、できるだけ速く走れるウマを選ぶべきだった。

しかしながら、こうした選抜作業は続けられていたし、繁殖計画で優勝馬名簿がものをいったにもかかわらず、六〇年前から、注目レースのコースレコードは頭打ちになっている。アメリカの三冠レースに話を戻すと、一九七三年のセクレタリアトとその伝説のレースからずっと変わっていない。そのため一部の人々は、競馬では平均時速約六〇キロで二分以上走り続ける必要があるが、いまやウマは生物学的に可能な絶対的限界に達してしまったと考えている。その一方で、そんなことはないと考える人々もいる。記録が延びないのは、ウマが時計と戦っているのではなく、ほかのウマと戦っているからである。つまり、責められるべきは、心理面の要因や騎手のコース戦略であって、ウマの運動メカニズムや生理ではないというのである。要するに、何馬身も差をつけて一着になるウマに限界まで走らせる必要はないのである。

ミオスタチンと短距離レースの遺伝学

しかしながら、ひとつだけ確かなことがある。生産者の選抜作業が、サラブレッドの遺伝子構成を代々変えてきたということである。たとえば、ＭＳＴＮ遺伝子のような孤立した遺伝子がそうだ。この遺伝子はミオスタチンの作用をコードしており、二〇一〇年以降、「スピード遺伝子」と呼ばれるようになった。その年、三つの研究チームが、ウマの一八番目の染色体にあるこの遺伝子にふたつのヴァージョンがあり、この染色体を構成する八〇〇〇万以上の文字のなかのたった一文字が異なるだけで、短距離レースのパフォーマンスに大きな影響の出ることを発見した。あるウマが両親からこの遺伝子のひとつ目のヴァージョンを受け継いでいれば（CC型）、短距離を走る速度は平均して、両親からふたつ目のヴァージョンを受け継いだ（TT型）ウマより速くなる。ふたつのヴァージョンを同時に持つ（CT型）ウマの場合は、平均して、中くらいのパフォーマンスになる。つまり、この遺伝子がスイッチとして働き、第一の刻み目が最高速度、第二が中間の速度、第三は短距離のスピードより持久力をもたらすことを発見したのである。だから、サラブレッドのエリートのうち三分の二以上が第一の刻み目を持ち、第三の刻み目を持つウマは皆無だったことは、道理にかなっているように思われる。前者は実際、生まれながらにして、スピードレースで勝つチャンスをより多くもたらす遺伝子の遺産を受け継いでいる。それ以外の点がすべて同じなら、彼らの成績は最もよくなり、生産者たちが繁殖計画でそうしたウマを選ぶ傾向が強くなる。こうして世代から世代へ、その遺伝子型が集団のなかに広まっていく。これが人為選択の原理である。

その後の研究により、パフォーマンスがよくなる真の突然変異はそれまで考えられていたものではなく、その近くで起きる別の変異であることが判明した。その変異はほとんどつねに、Cを含むブロックで伝達される。つまり、二二七文字の長さを持つウイルス起源のDNA断片が挿入されているのであり、それにはMSTN遺伝子の発現レベルを低下させる作用がある。簡単に言えば、それら二二七文字を持つ細胞は、筋肉の発達を抑制するタンパク質、ミオスタチンをより少なく産生する。その結果、この変異を持つウマは筋肉組織をより発達させ、そのため高度なスプリント能力を持つようになるのである。

サラブレッドの足の速さはオリエントのウマから受け継いだものだと、長いあいだ考えられてきた。

実際、サラブレッドの血統表は、この種の記録で世界最古のもののひとつであり、一七二一年以降のウマを誕生させたありとあらゆる交配が記載されている。この血統表を見ると、決定的な影響を与えたオリエントの雄ウマが三頭いたことがわかる。競馬ファンなら誰でもその名を知っている。一六八七年、オスマン・トルコ軍に包囲されたハンガリーのブダペストでイギリス人が捕獲したバイアリーターク。イエメンから初めて輸入され、一七三〇年に外交上の贈り物としてルイ一五世に献上され、その後イギリスに渡ったゴドルフィンアラビアン。一七〇四年にシリア、おそらくパルミュラかアレッポから輸入されたことぐらいしかわかっていないダーレーアラビアンである。だが、ときにはあっと驚くようなことが起きる。現生のウマではなく昔のウマの遺伝子解析により、この伝説はくつがえされることになるのである。

実のところ、一七六四年から一九三〇年までに生まれた一二頭のウマの皮が、ロンドンの国立自然史博物館、王立獣医学校、ケンブリッジの動物学博物館を始めとする各地の自然史博物館に収蔵されている。その中には、たとえば、ダーレーアラビアンの四代目の子孫で、一八戦負けなしの伝説の名馬エクリプスがいる。それら一二頭のサンプルはすべて、始祖である三頭の直系の子孫である。DNAの塩基配列を調べたところ、驚いたことに、短距離レースの資質をもたらすCの文字のあるMSTN遺伝子のヴァージョンを持つものはひとつもなかった。というわけで、有名な先祖たちがその遺伝子を持ち、子孫に伝えたと考えるのは難しそうである。もうひとつ明らかになったのは、スプリントに関連するヴァージョンのスピード遺伝子が、伝説で言うように外国に起源を持つ可能性はほとんどない、ということである。統計的に言って、イギリスの雌ウマ、つまり、かつてオリエントのウマかその子孫と交配した在来種の雌ウマの一頭から受け継いだと見るのが妥当なように思われる。遺伝子の系統の分析によると、この種のヴァージョンは一八世紀から一九世紀にかけて比較的まれで、集中的に現われるようになるのは実のところ、一九六〇年代以降である。それには、ある特定のウマの影響が大きかった。一九六一年生まれのそのウマについては、交尾で一〇〇万ドルを稼ぎ出したという話をした。そう、これぞまさしくノーザンダンサーである。

エクリプス系のチャンピオンがスプリントに関連するMSTN遺伝子の変異を持たないのは不可解に思えるかもしれないが、決してそんなことはない。それにはいくつか理由がある。まず、フランス革命に先立つ四半世紀に、走路がかなり長かったことを思い出そう。一七六九年六月一三日にエクリプスが出走したウィンチェスターのレースのひとつは、四マイルほど、すなわち六・五キロ近くあった。エクリプスは八六キロのハンデをものともせずに勝利した。つまり、持久力がものをいったのである。次に、競馬場の名馬になるには、残念ながら突然変異を持つだけでは十分ではない。さもなければ、遺伝学者ならレースの結果を予想できてしまう。実際には、名馬になる特別な資質は、ひとつの遺伝子の結果ではなく、複数の遺伝子、おそらくまだほとんど発見されていない非常に多くの遺伝子が結びついた結果なのである。MSTNのほかに、たとえばCOX4I2遺伝子がある。こちらでも、短距離馬は一文字違いが多い。CがTになっているのである。この遺伝子の産生物は筋肉量ではなく、細胞内の呼吸のもとになる連鎖反応に関与する。それは運動時の代謝に影響を与えると考えられている。また、PDK4遺伝子の特定の場所でGがAになると、糖質の代謝が活発になり、結果的に短距離レースに有利になる。

チャンピオンになる資質は、もちろん、トレーニングや受けている世話、ドーピングも含めてウマを取り巻く環境そのものにも影響を受ける。そのため、たとえばゴールするまでに要する時間のような競走能力の遺伝率は、遺伝子のみが関係するなら達成されるはずの一〇〇%をはるかに下回る。評価によって、数%から最大三〇%のあいだを上下している。つまり、広い意味での環境が大きな役割を果たしているのである。だからこそ、競馬には独特の雰囲気、刺激的な魅力があり、私たちはつねに意表を突かれるのである。

二〇一八年のケンタッキーダービーは、バファートの一件があったものの、すでにそのことを証明していた。先に述べたように、勝ったのはジャスティファイだった。その父はスカットダディというウマで、ジャスティファイのほかに三頭の息子が同じスタートラインに立った。たしかに彼らは異母兄弟にすぎないが、遺伝的にはやはり非常に近い。それでも、ジャスティファイが一着でゴールしたいっぽう、その異母兄弟であるメンデルスゾーンは二〇着のビリだった。しかしながらこのウマには五倍のオッズがつき、ジャスティファイにつぐ二番人気だった。ほかの二頭は中間と後方でレースを終えた。

急速に高まる近親交配のリスク

これも遺伝の問題がなければ、微笑ましいエピソードといえるかもしれない。同じく二〇一八年のケンタッキーダービーでは、ほかに出走した三頭のウマも父が同じ、カーリンだった。さらにほかの三頭も兄弟で、こちらの父はメダグリアドーロだった。実際、この年に出走した二〇頭の血統をさかのぼると、ミスタープロスペクターという一頭に行きつく。しかしながら、この雄ウマが生まれたのはつい最近の一九七〇年、セクレタリアトと同じ年である。だから、ケンタッキーダービーに出走した上記のウマたちは兄弟ではなかったが、レースの翌日にＡＢＣニュースが報じた皮肉たっぷりのニュースのサブタイトルを借りれば、同地のチャンピオンたちは程度の差はあれかなり近いいとこ同士だった。

問題は姻戚関係のレベルそのものではない。個体がなんらかの遺伝病に罹るリスクは、叔母や叔父、兄弟や姉妹の数とは関係がない。問題になるのは両親だけ、より正確には、両親が遺伝病を引き起こす突然変異を保有するかどうかである。集団レベルでは、その変異がたとえば平均して一〇〇〇個体につき一回出現するなら、その頻度は二〇〇〇分の一になる。私たちは遺伝子それぞれをふたつずつ持つからである。私の両親が近親関係でなければ、私自身がふたつの遺伝子にこの変異を持つリスクは一億分の二五になる。言い換えれば、私がこの病気を発症するリスクはきわめて小さく、フランス国民のような集団では、ごくわずかな人々しかこの病気になる恐れはない。

いっぽう、父方の祖父と母方の祖父が同一なら（これはもちろん理論上の事例である）、状況はまったく異なる。父と母は実際に異母きょうだいである。父と母の父（私の唯一の祖父）が父母それぞれに変異を伝えるリスクは、四分の一の確率である（二枚のコインを投げて両方とも裏になる確率と同じ）。両親が私にその変異を伝えるリスクも変わらない。最終的に、私がふたつの遺伝子にこの変異を持つリスクは、一万六〇〇〇分の一の確率である。もし私が近親結婚で生まれたとすれば、私がこの病気を発症するリスクはそうでない場合より二五〇倍高くなる。近親結婚がよくないと言われるのはそのためである。私が生き続けて子どもをつくるチャンス、ダーウィンの言う適応力があれば、私がそのような近親結婚で生まれた場合、生まれながらに障害を持つ確率がきわめて高くなる。

もちろん、ここに挙げたのは極端な事例である。それほど極端でない近親結婚は存在する。いとこ同士で結婚することがあるからだ。しかしながら、これはあくまで原則である。サラブレッド生産者のあいだでは、近親交配はタブーではない。種牡馬の選択では雄ウマとその子どもの受賞歴が重視されるため、おのずと、近親関係にあるウマ同士の交配が繰り返されることになる。競馬産業全体を導く論理が、近親交配を生み出す強力なエンジンとして機能している。こうして、ウマが遺伝病を発症するリスクは著しく増大し、その結果、ウマの健康、平均寿命、繁殖力が低下するリスクも高くなる。さらに、最近の研究では、サラブレッドの競走能力のレベルは、近親交配のレベルに比例して低下するという。数千頭のウマの成績をもとに、そのように評価されたのである。実際、近親交配が一〇%増加するごとに、サラブレッドが競走馬になれる確率は七%低下するという推計もある。言い換えれば、ウマの直前の血筋により、生まれる前から競技生活が部分的に決まってしまうということだ。

実のところ近親弱性の影響は、私たちが考えるよりもっと大きくなる可能性がある。公式の血統表をもとに算出したところ、サラブレッドの基礎集団は、数千どころか数十個体しかないからだ。そのため、そのうちの一頭が有害な突然変異を持っていれば、最初の集団における頻度は、私たちが予想していたような二〇〇〇分の一ではなく、一%前後になる。以上の条件において、血縁関係にない交配で変異遺伝子をふたつ持つ個体が生まれるリスクは、一万分の一（一億分の二五より多い）。近親交配の場合はそれより二五〇倍高くなる。たった一〇個体で近親交配の八〇%が説明できると聞けば、問題の深刻さがわかるだろう。あとで遺伝病を発症したってかまわない。二年から四年走ったら、さっさと引退させる。これが最終的な選択の基準だ。そのときには、有害な変異がそこらじゅうに広がっており、以下の世代へ伝播している。そのような遺伝子をふたつ持つ胎児にとってそれが致死的であっても、である。血統やそれがたどる交配の歴史がどうであろうと、いくつかの突然変異、たとえば発生のごく初期に発現するＬＹ49Ｂ遺伝子にかかわる突然変異の頻度は、日本とオーストラリアで二〇%近くに達しているのである。

古代ギリシアからこんにちまで

前七世紀の古代ギリシア初期のオリンピックですでに速さを競うレースが行われ、このスポーツがサラブレッドのような人々をあっと言わせる素晴らしい動物を生み出したとしても、私たちのレースへの情熱がこの動物に重いつけを払わせ、それがいまも続いていることを忘れてはならない。ゲノム研究は、ときに直視するのも困難な現実を明らかにするにとどまらない。現状を改善するための解決策をもたらす可能性もある。たとえば、すでに見たように、サラブレッドの伝説的血統の真の歴史を復元することにも貢献している。あるいは、競馬産業の潜在的な災厄のひとつである新手のドーピングを阻もうとしている。遺伝的多様性がまだ存在する地域を見つけることで、数頭の特定の種牡馬が支配しているために競馬産業をむしばみ、過去五〇年間にさらに悪化したふたつの問題を改善する役に立つのではないかと、期待されている。すなわち、急激に進む近親交配の問題と、遺伝子資源が劣化し続けている問題である。

競馬産業はアメリカやイギリス、オーストラリア、南アフリカで同じ論理に従っているとしても、一部のチャンピオンの影響はどこでも同じ広がりを示しているわけではない。その理由はときに歴史的なものだが——イギリスは禁輸への対抗措置として一九一三年から一九四九年まで、アメリカ産馬の両親から生まれたウマを血統表に記載することを拒否していた——、コストや地理的な近さによるものも多い。たとえば、ノーザンダンサーは依然として、二〇世紀で最も繁殖力のある雄ウマの一頭だが、その血を引くウマはとくにオーストラリアとヨーロッパに多い。アメリカでは、ノーザンダンサーと直接近縁関係にない雄ウマの人気も高い。たとえば、母方でセクレタリアトの孫にあたるエーピーインディは、一〇年にわたってアメリカ人が好む種牡馬の一頭になっていた。セクレタリアトの子孫は、アメリカ以外で遺伝的多様性を強化するかもしれない。これも原則どおりである。だが、血統学によって一頭ごとに近親交配のレベルを数値化し、生産者たちの選択を正しい方向へ導くことができるとしても、ゲノミクス（ゲノム科学）というツールはさらに多くのものを提供できる。二五億以上の文字にもとづき、不利なものであれ有利なものであれ、ウマそれぞれが持つ変異をひとつひとつ特定できるのである。つまり胚の段階で、生産者がより正しい決定を下せるよう、重要な手がかりをいくつも提供している。それによって生産者は合理的な投資が可能になり、競馬産業はより長く存続できるようになる。同様にして、ウマたちに多くの苦しみを与えずにすむようになることを期待したい。

第12章　未来のウマ

ポロ——動物クローンで最先端のスポーツ

ケイロン・ビオテック。ブエノスアイレス郊外のビルの二階に、その研究所はあった。私の目は、二重になったガラス扉に描かれている動物に釘付けになった。その動物は奇妙な姿をしていると言わざるを得ない。たしかに脚が四本、尾が一本あるが、頭がない。首の代わりに人間の上半身がのっており、片方のこぶしを高々と上げている。ケンタウロスである。だが実のところ、研究所の内部に足を踏み入れようとして想像上の動物に出くわすとは、思ってもみなかった。研究所は一〇年ほど前からきわめて特殊なウマ、つまりクローンウマの製造・販売に乗り出したことで知られる。クローンならなんでもよいというわけではない。この国でサッカーと並んで人気のあるスポーツ、ポロの歴史上、最高のウマに数えられるウマたちのクローンである。

ウマのクローン作製という快挙を成し遂げたのは、ケイロン・ビオテックが最初ではない。アカデミックな世界ではすでに、二〇〇三年には雌ウマのクローニングに成功しており、雄ラバのクローンもつくられている。すでに述べたように、ラバは雌ウマと雄ロバを掛け合わせて生まれ、通常は生殖力がないため、子どもをつくることができない。その後、テキサスのクレストヴュー・ジェネティクス社がアカデミックな世界に続いて二〇〇九年にアイケンクーラという名の雄ウマのクローンをつくり、メディアをにぎわせた。アイケンクーラはそんじょそこらのウマとは違う。当時、アドルフォ・カンビアーソが騎乗したなかで最高のウマとされていた。とにかく大したウマである。カンビアーソは、二〇年以上前から毎年、世界最優秀ポロ選手のタイトルを総なめにしていたのである。四〇代のアルゼンチン人は、並ぶ者のない受賞歴に輝き、ポロ競技の生ける伝説になっている。

だから、アイケンクーラが二〇〇六年一二月のアルゼンチン・オープン決勝戦の最終チャッカー［七分間の区切り］で、マレット［先端がT字型のスティック］で打ち合う乱戦の末に左前脚を骨折すると、カンビアーソは苦痛を和らげようとすぐに飛び降り、ウマを救ってほしいと獣医たちに懇願した。そして、可能な限りあらゆる外科手術を受けさせ、切断手術と義足の装着まで行ったが、何の甲斐もなく、二か月後、それ以上苦しまないよう安楽死を決意せざるを得なかった。カンビアーソと所属チームのラ・ドルフィナは結局トーナメントに勝利し、アイケンクーラは最優秀馬に選ばれたが、後味は悪かった。

カンビアーソはこのウマへの思いを断ち切れず、永遠に旅立ったことを受け入れられなかった。その歴史と、後世のウマに対する影響力が途切れないように、できることは何でもやろうと心に決めていた。ウマは突然の事故により、絶頂期の一一歳で命を奪われた。競技のパフォーマンスも素晴らしかったが、その血筋を受け継ぐ子どもを何頭も残すはずだった。だから、ウマのクローンで名馬の廏舎をつくろうとしていたテキサスの金融業者アラン・ミーカーがカンビアーソにコンタクトをとると、話はとんとん拍子に進んだ。アイケンクーラからは生前、耳の組織が採取されていたが、いよいよそれを活用する機会が訪れた。医学が奇跡を起こせる日が来るまで、極低温でずっと保存していたのである。ようやくそのときが来た。それらの細胞を目覚めさせ、アイケンクーラの遺伝的コピー、クローンを誕生させるときが。

クローンのつくり方

実行に移す段階になると、その動機となった熱い思いとはかけ離れた作業の連続となる。クローニングはきわめて技術的な仕事である。まず、家畜処理場で死んだばかりの雌ウマの卵巣から、未受精の卵《らん》——卵母細胞という——を分離する。多くの場合、この雌ウマとクローニングを行うウマのあいだに近縁関係はない。このあとは、高精度の顕微鏡を通しての作業となる。卵母細胞の膜に髪の毛より細い注射針を刺し、中の核を吸い取る。核を取り除いた卵母細胞は、細胞の呼吸機能を担う小器官ミトコンドリアの染色体は別にして、元の染色体をまったく持たない。しかしながら、生命を維持し、受精したら発生プログラムを始動させる成分はすべて含まれており、数日たつと胚が形成される。

私はケイロン・ビオテックの研究所で、実際にこの過程をたどることができた。作業は極度の集中を要する。ライトが消されているのは、製造の秘密を守るためではなく、光があると核を取り除いた卵母細胞が生存する確率が低下すると思われるからである。また顕微鏡下の操作で、卵母細胞を取り囲んで保護している厚い層、科学者たちが透明帯と呼ぶ層をはずし、あとの作業をやりやすくすることもある。卵母細胞はもはや単に核を取り除かれただけでなく、保護膜も失い、いわば丸裸になる。細胞の容れ物にすぎなくなるわけで、これでようやく、胚の発生プログラムを始動させる準備が整う。クローニングを行おうとする動物の細胞と接触させるのは、このときである。動物の細胞はたとえば生体の組織――アイケンクーラの場合は耳の皮膚――から分離することもある。次に研究室でそれを増殖させ、将来同じ動物のクローンをつくる場合に備えて保存しておく。農業者が畑で穀物を増やすように、生物学者たちはそれらの細胞を培養する。

この段階で、作業を続けるための材料がすべてそろったことになる。高精度の顕微鏡を使った作業は、その後も各段階で行われる。クローニングを行う個体から採取した細胞の核には、のちのクローンの染色体が三二組含まれている。その細胞を、核を取り除いた卵母細胞と接触させる。前者はしばしばドナー細胞、後者はレシピエント細胞と呼ばれる。短い電気的刺激で、ドナー細胞とレシピエント細胞は融合してひとつになる。融合した細胞は、クローニングを行う動物の核、すなわち染色体を受け継ぐいっぽう、母方のすべての因子も受け継いでいる。それらの因子は卵母細胞から伝達されたもので、発生に必要である。融合した細胞を、次に、独自の培養環境で安定させる。そして、適当な時期が来たら、核が潜在力を取り戻すための化学物質を使って活性化される。その細胞はすぐに細胞分裂を開始できるようになる。元は融合したものである母細胞はふたつの娘《じょう》細胞になり、それぞれの娘細胞がふたつの娘細胞になるという具合に、細胞分裂は続いていく。指数関数的に増殖するこのプロセスにより、原則として、数日たつと数百の細胞からなる胚が生じる。同じ時期の通常の胚に見られる形態にならない胚は、取り除かれる。適合した胚を顕微鏡で見つけ、培養ケースから出し、代理母の雌ウマの子宮に移植する。

胚の移植技術はウマでは規制の対象となっており、サラブレッドのような一部の品種ではいまだに禁止されているが、ウマ産業ではたびたび実施されている。一頭の雌ウマから、一シーズンにもっと多くの子どもが得られるからである――その雌ウマからはたった一頭の子ウマしか生まれないが、代理母一頭につき一頭の子ウマが生まれる。クローニングの場合は通常、同じドナーから複数の胚を採取して移植する。すべての胚が生き残るわけではないからだが、理由はそれだけではない。エコー検査で複数の胚が発生しているとわかっても、生き残る確率が最も高いと獣医師が判断した胚だけが、妊娠中の合併症でクローンや代理母が死ぬリスクに備えて保存される。

一一か月後、すべてが順調に行けばクローンが生まれる。出産はおおむね大規模な専門病院で行われ、母親と大切な子どもは、人間に使われる医療器具に比べても遜色のないモニタリングやエコーの装置で経過観察される。一九九六年にヒツジのクローン、ドリーがつくられて以来、技術は大きく進歩したが、それでもまだ、生育力のあるクローンを一頭得るために、平均して六回から七回、クローニングを試みる必要がある。そのため費用はしばしば高額となり、米ドルで五万から一〇万にもなる。

しかしながら、新たな所有者たちがようやくクローンを手に入れ、とりわけポロ競技に使えるようにするには、さらに長い年月を要する。ウマの新生児が代理母のもとで成長するのに、およそ二年かかる。子どもが独り立ちするまで、代理母は子どもから目を離すことができない。なぜなら、代理母こそが、数か月にわたって乳を与え、子どもを安心させ、優秀な競技馬になるために必要な力を授けることができるからだ。子ウマが母ウマのもとを離れて廏舎に入ると、獣医や有能な専門家たちが骨身を惜しまず世話をする。一流の廏舎にはスペース、チーム、ノウハウがすべてそろっている。たとえば、ブエノスアイレスから車で二時間ほど行ったドニャ・ソフィア廏舎がそうだ。この廏舎ではケイロン・ビオテックのクローンたちが大切に育てられ、人間やほかのウマに徐々に馴らされている。マレットを持った騎手たちがポロの球を打とうとしたり、全速力でこちらへ走って来たかと思うと急に向きを変えて反対方向へ走り去るといった、突発的な動きにも慣れなければならない。クローンたちが最終的にウマらしい生活を送れるようになるには、長いプロセスを経なければならない。それは研究所から遠ざかり、競技場に近づくということなのだ。

クローンのパフォーマンスと健康

カンビアーソはその子ウマに失望することはなかったようだ。アイケンクーラのクローン第一号、E01クーラは実際に、アルゼンチンのポロ競技馬飼育の新しい時代、クローンの時代の幕開けを飾ったからだ。何といっても、全頭クローンのチームでアルゼンチン・オープンを制し、その実力を示したことが大きかった。こちらに出場したのは、彼の最愛のウマのコピーではなく、お気に入りの雌ウマ、クアルテテラのコピーだった。マーケティングの論理は絶対で、名馬のクローンをつくるために彼がアラン・ミーカーと設立したクレストヴュー・ジェネティクス社は、輝かしい未来を約束されていた。クローンの健康に不安がある、クローンに元の動物と同じパフォーマンスはできないと考えていた人々も、納得せざるを得なかった。当時のメディアは、クローンヒツジのドリーは早期に老化の徴候を示していたようだと書き立てていたのである。

こんにち、ドリーは慢性疾患ではなく、ごく普通の感染症が悪化して死んだことが判明している。あれから何年もたって、クローンは平均してクローンでない同種の動物と同じくらい生きることがわかってきた。とはいえ両者は、身体的に驚くほどよく似ている。ただし、間違い探しをするなら、クアルテテラB01、B02、B03、B04、B05、B06の体毛の白斑の大きさはまったく同じではないし、同じ場所に現われるわけでもない（皮膚の細胞の色素沈着は遺伝的に決まっているが、発生過程での胚組織への移行は偶然の作用による）。カンビアーソの話を信じるなら、スポーツの素質やパフォーマンスについても同じことが言えるという。それらはとくに複製されやすく、その動物を本当のマシンに変えるものだ。何かわずかな違いがあるように思えるとしても、最も慣れた騎手でなければ見破ることはできないという。

遺伝子カジノ

しかし、生産者たちがクローン技術にとびついた第一の動機は、必ずしも保証書つきのパフォーマンスを求めてのことではなく、むしろ、自分の名馬の遺伝子をほかの名馬の遺伝子と結合させる機会になるからだった。通常、クアルテテラほどの資質を持つ雌ウマは、五歳頃に競技場で仕事を始め、五、六年たったところで競技生活を終える。その後は繁殖に回されるが、一年に一頭、それも数年間しか子どもを産むことができない。たしかに、代理母に胚移植を行えば、もっと早期に繁殖を始め、より多くのウマの生物学上の母になれる。しかし、クアルテテラがもはや唯一の遺伝子の手本でなくなり、たくさんのコピー、つまりクローンが手に入るようになると、その子どもたちは膨大な数にのぼることになる。そのため生産者たちは、遺伝子のくじ引きで無制限に運を試せるようになり、クアルテテラとアイケンクーラのクローン同士で繁殖させることができるようになった。つまり、並外れた遺伝子の遺産を混ぜ合わせ、もっと優秀なウマをつくろうとしたのである。

さらに、クローンか否かを問わず、ほかの有望な雄ウマについても同様にして、遺伝的な成果を上げるチャンスを増やすことができる。運動能力の高さを示す前に去勢されていたチャンピオンのクローニングによってウマそのものを復元し、消滅する運命にあった血統を永遠にとどめることも可能である。そのクローンを通じて、ウマの死後も繁殖を続けさせることができる。Ｅ01クーラは、アルゼンチンのコルドバ州にあるロス・ピンゴス・デル・タイタ・デ・リオ・クアルタ廐舎でもう生きていないが、その精液はストローと呼ばれるチューブ状容器の形で凍結され、世界中の雌ウマの人工授精に使われている。この廏舎は「名馬の真のゆりかご」になろうとしているのである。このような状況において、クローニングはもはやスポーツの死を意味しない。クローニングで同一のものを再生産すれば、スポーツは画一化するに違いないと言われた。ところが、クローニングは、新しいタイプのウマを生み出すのにきわめて便利な道具のように見える。要するに再生である。

その論拠は魅力的だ。どちらかといえばハイクラスの限られた分野以外にも、用途が見つかるかもしれないからである。ポロ競技だけでなく、国際馬場馬術競技会でも、クローニングはもはやタブーではない。私が二〇一八年末にケイロン・ビオテック社を初めて訪れ、そのチームと話したとき、この考えはまだ完全に理論上のものだった。いずれにせよ、彼らが選んだウマのクローンをほとんど工業的につくれるなら――彼らの注文台帳はいつもいっぱいで、二年先まで予約が埋まっているようだった――、絶滅の危機に瀕したウマのクローンだってつくれるのではないだろうか。まず、モンゴルの草原で生まれたプルジェワリスキーウマ（モウコノウマ）から始める。野生のプルジェワリスキーウマは一九六九年に死に絶えたとされており、国際的な飼育繁殖プログラムが実施されなければ生き延びることはできなかった。生物多様性の保全という、誰ひとり反対できない正当な理由があるのだから、クローン技術を適用するのにこれほどふさわしい動物はいない。

スポーツ産業以外の再生事業

このアイデアが夢物語にとどまっていたのは、それほど長い時間ではなかった。二〇二〇年九月四日の記者会見で、プルジェワリスキーの子ウマ、カートが二か月前に誕生したと報じられたのである。カートという名がついたのは偶然ではない。絶滅の危機に瀕した多くの動物種の組織を液体窒素のなかで保管している「冷凍動物園」の創設者にして、プルジェワリスキーウマの熱心な保護者であったカート・ベニーシュケに敬意を表しているのである。私のオフィスの棚には、彼が愛したこのウマの小さな置物が鎮座している。サンディエゴの学会から戻るとき、彼の未亡人から贈られたのである。カートは、クポロヴィクという名のプルジェワリスキーウマのクローンである。しかしながら、記者会見で人々が驚嘆した、子ウマが脚を伸ばして跳ね回っているビデオが撮影されたのは、ドニャ・ソフィア厩舎でも、ロス・ピンゴス・デル・タイタ・デ・リオ・クアルタ厩舎でもない。ニューメキシコ州のアルバカーキから東へ五〇〇キロほどのところにあるティンバー・クリーク・ヴェテリナリーという獣医クリニックだった。それもそのはず。このクローンはケイロン・ビオテックやクレストヴュー・ジェネティクスではなく、ヴィアジェン・ジェネティクスという別の会社の研究所で生まれたのである。ヴィアジェン・ジェネティクスはテキサスの会社で、ウマやペットのクローン作製を専門にしており、その市場は北米全域にわたると見られる。

最初のクポロヴィク――いわば本物のクポロヴィク――は一九七五年にイギリスで生まれ、三年後、保全生物学の世界的中心地のひとつであるサンディエゴ動物園に譲渡された。このウマは一九九八年までそこで暮らしていた。つまり、カートが生まれたとき、先代の誕生から四五年の時が経過していたことになる。クローニングに使われたのは、先述の冷凍動物園由来の細胞である。さらに私は、二〇一四年初めに園長のオリヴァー・ライダーとともに、組織を凍結保存するこの生物バンクを訪れる機会があった。当時私たちは共同で、プルジェワリスキーウマの遺伝的多様性を調べていた。

クポロヴィクの細胞は、一九八〇年の生検で採取された組織の系統に連なる。専門家のあいだでSB

615と呼ばれるものである。私はこの生体組織をよく知っていた。数年前、私の研究所でゲノムを調べるため、オリヴァー・ライダーがDNAの断片を送ってくれたからだ。私たちの解析を補完するため、細心の注意を払って選んだ別系統のDNAが一五種ほど、一緒に送られてきた。そこには、二〇世紀を通じて、おもに飼育下にあったプルジェワリスキーウマの血統を構成していた大きな遺伝子グループの大半があった。要するに、私たちのサンプリングにより初めて、絶滅に瀕しているウマ集団の遺伝子プールと、ゲノム・レベルでのその多様性を調べることが可能になったのである。そのほか、調査を補完するためにこちらでも、一九世紀末から二〇世紀初めにかけて博物館に収蔵された標本のサンプルを集めた。野生で急速に数を減らすようになる以前の状態と比べて、現在の遺伝子の状態がどうなっているのか調べるためである。

クローン作製から時間の旅へ

私たちが集めた博物館の標本のなかに、とくに重要なものがいくつかあった。たとえば、一八七八年に捕獲され、西欧の科学がエクウス・プルジェワリスキーを発見するきっかけになった個体のサンプル。これはいまでも、種全体のなかでこの品種を決定する基準になる個体――ホロタイプ（タイプ標本）という――になっている。簡単に言えば、すべてのウマのなかからプルジェワリスキーであると同定されるわけである。このホロタイプと、サンクトペテルブルク自然史博物館が所蔵する逸品のほかにも、私たちのサンプルには、ドイツのハレにあるユリウス・キューン博物館所蔵の標本もあった。二〇世紀初めに、モンゴルで捕獲されヨーロッパに初めて入ってきたプルジェワリスキーウマの一頭である。この博物館で飼育されていたウマの子孫は、飼育下にあったこのウマの繁殖史上とりわけ繁殖力が強かった。

したがって、プルジェワリスキーウマの血統にも大きな影響を与えた。そのうち一九〇五年生まれのテオドールというウマは、モンゴルの家畜ウマの母親から生まれた可能性が高い。もしそうであれば、交雑種ということになる。父親は本物のプルジェワリスキーウマなので、プルジェワリスキーウマの血に家畜ウマの血が混じったことになる。

さらに、私たちの解析でもこちらの方向が示された。ゲノムの四分の一近くが家畜ウマ由来、四分の三がプルジェワリスキーで、数字の上では、家畜ウマの母とプルジェワリスキーの父から生まれた子どもではあり得ない。そうであれば、それぞれ五〇％ずつになるはずである。上記の数字であれば、祖父母の一頭が家畜ウマの系統であることに疑いない。テオドールは直接交雑したウマではなく、交雑したウマの子どもである。その体にはまさしく家畜ウマの血が流れていた。その点から考えて、現在のプルジェワリスキーウマの多くも同じ状況にあるに違いない。その理由はきわめてシンプルである。テオドールは、最も古い先祖から一世代ないしは二世代たった、飼育下で復元されたウマの血統の最上位に位置づけられる。その子どもたちと、その子どもたちの子どもたち、要するに彼の子孫全体が、絶滅の危機に瀕しているウマの現在の個体群に家畜ウマ起源の遺伝子を伝えるのに一役買った。ひと言でいえば、現在のプルジェワリスキーウマは全体として純血ではなく、一部混血なのである。

未来への回帰

テオドールの多くの子孫にどんなウマがいるだろう？　クポロヴィクであり、結果的に、その遺伝的コピーにほかならないカートである。したがって、クローンの子ウマは、同種のウマの多くと同じく純血のプルジェワリスキーではない。私たちの推計によると、そのゲノムの一一％から二八％は家畜ウマの祖先から受け継いでいる。カートを誕生させたことに何の意味もないのだろうか？ そんなことはない。カートの誕生は第一に、クローン技術がいまや、保全生物学の武器となり、四〇年以上の時を隔てて遺伝的に同一の個体を誕生させるほど成熟したことを証明した。しかし、飼育下で交雑した歴史を持つことから、クポロヴィクの子孫の一部はそれと同じだけの家畜起源のDNAを持つことになった——両親が同じ割合のDNAを持っていれば、である。同様にして、別の系統の子孫ではその割合が低くなった——正確には、両親のいっぽうが持つ家畜ウマの血がクポロヴィクより少なくなるたびに低下した。さらに、その割合が増すこともあった——たとえばクポロヴィクの血筋のウマがテオドールにより近いプルジェワリスキーウマと繁殖した場合、そのゲノムではDNAのより大きい部分が家畜由来となる。つまりカートが生まれたことによって、あたかもそれまでの交雑の歴史がなかったかのように、歴史を部分的にやり直すことが可能になったのである。歴史を修正したり、一部の交雑を促進したりすることも可能である。たとえば、家畜ウマのDNA、とりわけ近親交配を示すDNAの割合が少なくなるように掛け合わせるのである。

というのも、私たちの研究によると、前世紀末に比べてこんにちのプルジェワリスキーウマでは、全体として近親交配が増加しており、その一部についてはきわめて憂慮すべき数値に達している可能性があるからだ。憂慮すべきと言ったのは、近親交配は当然のことながら、近縁関係にある個体同士で交配したことを示すからだ。たとえば、両親それぞれが同一の有害な突然変異をひとつ持ちながら病気を発症していない場合（劣性の有害変異という）、子どもの一個体は両親それぞれから受け継いだ有害な変異をふたつ持つことになる。そのようなことが生じるリスクは、正確には四分の一の確率である。有害な変異しか持たない子ウマは有害な影響をまともに受けることになり、たとえば、慢性疾患を発症するリスクが高まったり、ある種の不妊になったりする。個体群の規模が大きければ、そのような変異は概して比較的まれか、きわめてまれである。つまり、無発症で変異を保有する個体同士で繁殖する機会はより少ない。だが、プルジェワリスキーウマのように非常に限られた数の集団では、そのような変異が維持され、さらに世代を経るに従ってより頻度が高くなる事態は、皆無とは言いがたい。したがって、そのような個体同士が交配し、子どもが病気を発症するリスクも高くなる。

こうしたリスクのあることを理解していただくために、極端な例を挙げよう。五頭の雄と五頭の雌からなるプルジェワリスキーウマの集団がいたとする。一頭の雄と一頭の雌だけが有害な変異の無発症保有者である。この集団における有害変異の頻度は、二〇分の二である（それぞれの個体は母からひとつ、父からひとつと、同じ遺伝子のコピーをふたつ受け継ぐ）。すなわち一〇％の確率である。今度は、繁殖の仕方を変えて、変異をもつ個体のみで繁殖し（有効集団サイズはここでは極端に小さく、二個体である）、生涯に八頭の子ウマが生まれたとしよう。平均してその四分の一が有害な変異をふたつ持ち、四分の一はまったく持たない。残りの半数はひとつだけ持つ。簡単な計算で、有害な変異の頻度がたった一世代で一〇％から四〇％にはね上がることがわかる。このように、健康に有害な影響を与えるにもかかわらず、集団のなかで変異の出現率は四倍になる。さらに、両親のいずれもが有害な影響を受けていなくても（二頭ともが有害でないコピーをひとつ持つ）、その交配で生まれた八頭のうち二頭は影響を受けることになる。これでおわかりだろう。個体群がきわめて小さいとき、血統の偶然によって子孫の健康が損なわれる可能性がある。

それだけではない。私たちの研究は、プルジェワリスキーウマで有害な突然変異の割合がとくに高いことを明らかにした。理論上の話だと言うかもしれないが、このリスクは実質的に残念な結果をもたらす公算が大きい。だからクポロヴィクの血統のウマ、いずれはプルジェワリスキーウマの別のクローンで再び歴史をやり直すのは、保全生物学者たちにとって大きな切り札になる可能性がある。近い将来、雄ウマに代わって雌ウマのクローンがつくられるようになれば、絶滅危惧種の繁殖の潜在力もより大きくなるだろう。それとともに、新たな子ウマが生まれ、今度はそれらのウマが繁殖年齢に達するチャンスも大きくなる。

　さらに、私たちの研究によって、飼育下にあるプルジェワリスキーウマの血筋の主要な部分が家畜ウマ由来の遺伝子を受け継いでいるだけでなく、それを含まない部分がまだ残っていることも判明している。その観点において、当該のウマたちは、ホロタイプとして一九世紀末に生きていたウマに類似している。幸いにも、オリヴァー・ライダーの冷凍動物園にはそうしたウマの組織がいくつか保存されている。つまり、それらの遺伝子でクローンをつくれば、カートを支援することになるし、飼育ウマの繁殖計画を豊かなものにできる。それにはカートかクポロヴィクで実験を繰り返す必要がある。それは完全なコピーを選ぶか、独自のヴァージョンを選ぶかの問題である。だが、生物学的に最も純粋なプルジェワリスキーウマをつくることにこだわらないほうがよいだろう。それでは、活用できる遺伝子の多様性が大幅に低下するからである。遺伝子の多様性はすでに乏しくなっている。そうなると、個体群の近親交配のレベルが上がるリスクも高くなる。最も純粋な個体は少数の同一の祖先にさかのぼるので、近縁関係にある。たしかに近縁関係のレベルは様々だが、その影響は決して小さくない。そのゲノムに存在する有害な変異の割合がクポロヴィクとその親族に見られるものをやや上回るだけに、なおさら憂慮されるのである。要するに将来は、手当たりしだいにクローンをつくるのではなく、まずクローニング候補のゲノムを調べ、次に最もふさわしい交配を評価するという計画的な行動が求められる。この点についてはテクノロジーの力を借りることで、保全生物学者が何を選択したらよいか、合理的に評価できるようになるだろう。

クローン元と同じではない編集されたコピー

だが、ゲノミクスというツールを使ってどこまでやれるか、想像できるだろうか。たとえば、近い将来、細胞に含まれる遺伝情報をクローニングでただコピーするのではなく、むしろ、その情報をあらかじめ「編集」できるようになるかもしれない。何らかの性質を制御していることがわかっているゲノムの部位で、遺伝情報をいわば手直しするのである。ゲノム編集を行うクローンにオリジナルにはない属性を与えることで、遺伝情報を増やすことも可能である。私たちはそうして多くの生産者たちの夢を実現しようとしている。狙いを定めた性質は偶然組み替えられ、何世代にもわたる交配の長いプロセスを経て選抜されるのではなく、たったひとつのステップでただちに獲得されるのである。最終的に、ウマの生産は高い精度で行われるようになることが見込まれる。それも、そう遠くない将来に。これはSFの話ではない。二〇二〇年、すでに研究室ではその一歩がほぼ踏み出されている。それもまた、ポロ競技用のウマである。

用いられるのは「分子はさみ」という方法である。同じく二〇二〇年、この方法を発見した功績により、アメリカ人のジェニファー・ダウドナとフランス人のエマニュエル・シャルパンティエにノーベル化学賞が授与された。ウマを使って行われた実験の目的は、私たちが現在使っている道具が、将来のクローンになるドナー細胞のMSTN遺伝子のなかにあるごく短いシーケンス（塩基配列）を別のウマが持つ変異したシーケンスに置き換える際に十分な精度を発揮するか、確認することだった。問題のシーケンスは偶然選ばれたのではなく、ミオスタチンというタンパク質をコードしている。ミオスタチンの役割は、すでに見たように、筋肉の発達を抑制することである（第11章を参照）。思い出していただきたいのだが、生まれつき変異したシーケンスをふたつ持つ個体は、平均してより筋肉が発達し、レースでより高いパフォーマンスを発揮する。しかし、二〇二〇年の研究により、選択したシーケンスを好みの場所に正確に挿入するための実験の条件が確立された。つまり、この外科的なゲノム操作は、狙ったものとは別の機能を阻害するリスクがない。近い将来、そうして編集された細胞がクローンの作製に使われ、ゲノム編集を施されたクローンが生まれるのを妨げるものはないのである。そうなれば、筋肉増強剤を使わなくても、別のスーパー・アスリートの遺伝子を導入すれば、筋肉組織を増強したスーパー・アスリートが生まれる。そして近い将来、自らが保有し、子孫に伝える可能性のあるいくつかの有害な変異を排除したウマが登場するかもしれない。たとえばＰＰＩＢ遺伝子やＧＢＥＩ遺伝子に悪い影響を与え、家畜ウマの皮膚や代謝にきわめて深刻な疾病を引き起こす可能性のある変異などがそうだ。

このような条件であれば、いずれは、クポロヴィクのクローンを作製する前にその最も有害な変異を排除することも、十分考えられるのではないか。そして、プルジェワリスキーウマが負っている遺伝的荷重を軽減するために、クローニングの候補にこの操作を施すことも。だが、ボタイウマの骨の残骸から私たちが無害だと判断した変異をいくつか、そのゲノムに再導入することも考えてよいのではないか。こんにち、絶滅の危機に瀕したウマたちの遺伝的多様性は乏しくなっており、直系の先祖が持つ多様性でそれを補うことができるのではないか。いずれにせよ、私たちの調査によって、一九世紀末以降にこの遺伝子の系統が大きく劣化したことが明らかになっている。要するに二〇二〇年の実験は、それ自体、頭がくらくらするような結果が予想されるプログラムのタネを秘めているのである。

不確実な未来

私がケイロン・ジェネティクスの創業者ダニエル・サマルティーノに会ったとき、以上の疑問が頭のなかにあった。彼は科学ドキュメンタリーの取材を受けるため、ゴルフの総合施設内にある素晴らしい邸宅に私を迎え入れた。そこは、クローニングされた胚、いまではゲノム編集された胚をつくっている研究所からそう遠くなかった。私は上記の疑問をぶつけずにはいられなかった。ケイロンにも越えてはならない一線がある。遺伝子組み替え動物だ。MGOの略語でおなじみの遺伝子組み換え動物は、大きな論争を巻き起こしている。一線を越えないようにするには、ウマですでにリストアップされている遺伝情報のヴァージョンのみにゲノム編集を施せばよい。編集されたヴァージョンのクローンは、MGOとはみなされない。クローンが保有する遺伝情報は一〇〇%、現実のウマに由来するからである。MGOとは異なり、遺伝子のいかなる断片も種や生物を隔てる自然の障壁を越えていない。

技術的・倫理的な面で企業の立場が守られるとしても、法的・商業的な面で認められるかどうか、注意する必要がある。MGOの製造と販売に関する法律はとくに厳しいのである。企業のよきリーダー、ダニエル・サマルティーノはMGOラベルと一線を画し、自らのバイオ企業の将来を、より迅速に対応できる市場のほうへ導こうとしている。クローン作製とゲノム編集の市場に参入しようとしているほかのバイオ企業も同じ選択をするだろうか？　そうであるなら、どのくらいの時間で？　そのように編集され、遺伝子で増やされたウマは、このスポーツの基準になるのだろうか？　ほかのスポーツも食指を動かされるだろうか？　実際に行われるのはスポーツの分野に限られるだろうか、それとも、低下しつつある生物多様性の保全を理由に、もっと拡大していくだろうか？　それはこれから明らかになるだろう。だが、ひとつ確かなことがある。これらすべての疑問に対する答えは、一部、未来のウマがどうなるかにかかっているということだ。

本書は、ゲノミクスという最強のツールを使えば家畜ウマの歴史を何千年もたどれることを示してきた。その同じツールはこんにち、過去の奥底から取り出した遺伝子の痕跡を解読するにとどまらず、未来の遺伝子の歴史も書こうとしている。

第13章　エピローグ

ウマと私

私とウマの個人的な歴史が実際に始まったのは、二〇一〇年春のことである。私はフランスを離れ、コペンハーゲンで自分の研究チームを立ち上げていた。三年後、私たちは七〇万年近く前に生きていた動物のゲノムのシーケンス（塩基配列）を決定した。それがウマだった。いや正直に言うと、私たちをこの冒険に駆り立てたのは、動物の種というより、その年代だった。当時は、いわゆる次世代シーケンサーの技術が持つ真の実力が試されていた時期だった。いったいどこまでやれるのか、というわけである。だが、その挑戦は多くのエネルギーを必要とし、多くのリソースを動員しなければならないことから、私はほとんど機械的に、ウマという種とその進化に注意を集中せざるを得なかった。当時、科学で明らかになっていたのはたった一頭のウマのゲノムだけだった。ニューヨーク州イサカのコーネル大学のキャンパスで生まれたサラブレッドの雌ウマ、トワイライトのゲノムである。私たちは一度の調査で、一〇種ほどのゲノムの性質を明らかにしたところだった。そのうちひとつは、当時越えることができないと思われていた時間の壁を五〇万年以上飛び越えていた。つまり私たちは、科学を大きく前進させたのである。私は辛抱強くこの研究を続けなければならないと思った。そうするよりほかに道はなかった。こうして一〇年以上が経過し、私たちはいまフランスに戻っているが、モチベーションは研究初日と同じくらい高い。たしかに、これまで大きな発見をいくつも成し遂げたことは心強く思うし、誇らしい気持ちになる。だが、そのいくつかはいまでも私を驚かせ、いまはまだ手が届かないが、あと一〇年もすればあらゆる時代のウマのゲノムを突き止められると考えている。取り組むべきことは尽きないように思える。二〇一〇年もそうだったし、おそらく二〇三〇年も同じだろう。

だが、私とウマとの個人的な歴史は、もっと早く始まっていたかもしれなかった。まず、中学の学校地図にアドバンテージがあった。私が通うことになった学校では、週に一回、午後にスポーツをすることになっていた。選択はシンプルだった。四年間、火曜日の午後を乗馬かヨットにあてるのである。私に迷いはなかった。フリウル諸島のイフ城［マルセイユ沖に位置するイフ島に築かれた城塞］から艇を引き出すか、まだ旅の道連れになっていなかった動物の糞を拾い集めるかで、躊躇なくヨットを選んだ。ウマには申し訳ないが、いつか私たちの道が交差するまで気長に待ってもらうしかなかった。それから一〇年ほどたち、博士論文を書いていたときに再びチャンスが訪れた。世界的に有名なふたりの古生物学者、パウル・ゾンダールとヴェラ・アイゼンマンに巡り会ったのである。ふたりとも専門はウマ科動物の進化だった。パウルはいわば、私の足を鐙に乗せようとしてくれた。彼の影響で、私はそれまでほとんど知らなかったアメリカのウマ科動物の歴史に関心を持つようになった。ヴェラも私に、ウマ好きのウイルスを感染させようとした。彼女はその研究生活を、古今東西のウマに捧げていた。しかし当時、ゲノム研究、とくに考古学の遺物に対するゲノム研究は、いまほど進んでいなかった。遺伝子のいくつかの断片については塩基配列を決定できたが、それはいつも同じもので、種間や集団間の遺伝的近縁性を評価するだけで満足しなければならなかった。正直に言って、正確さはいまひとつだった。私は、もう一歩踏み出し、ひとつの種に大半の時間を割くだけの準備ができていなかった。ネアンデルタール人、ホラアナグマ、はたまたウマの遠い親戚で同じく有蹄類奇蹄目のケブカサイと、あれこれ手を出していた。要するに、ウマという動物が素晴らしい研究対象であるのを理解するまで、さらにほぼ一〇年かかったのである。そのためウマは、私との三度目の出会いまで待たなければならなかった。その機会を与えてくれたのは、シスレクリークの動物の遺骸だった。その骨は五〇万年以上、カナダの永久凍土に埋もれていた。

魅力的な研究対象

このように、ウマに対する私の関心は、当初、そして何よりまず、理論的でアカデミックなものだったと言わなければならない。二一世紀初めには不思議なことに、ウマは研究対象としてまだ十分に認められていなかった。このテーマについて参考資料を集めるほど、未解決の問題が多岐にわたって存在することを痛感した。たしかに、ジョージ・ゲイロード・シンプソンの研究以来、ウマ科は進化生物学で花形の地位を占めてきた。シンプソンは六〇〇〇万年にわたってウマの解剖学的変化をたどり、進化は単なる理論ではなく現実であるという、基本的にして異論の余地のない証拠のひとつをもたらした。しかしながら、二万五〇〇〇年前にいくつの種が存在していたのかというような、シンプルな疑問に対する答えはまだ出ていない。それればかりか、ウマの家畜化は文明史の大きな転換点になったのに、専門家たちは、どこで家畜化が始まったのか、その痕跡をなかなか見つけられずにいた。馬術や純血種のウマについて書かれた本はたくさんあるが、結局のところ、ウマの歴史やその真の起源についてはまったくわかっていなかった。これでは皆目、手がかりがつかめない。そこには何かしらめまいを覚えるものがあった。逆説的に、このテーマについてはあらゆること、いや、ほぼあらゆることが書かれているように思えたからだ。とはいえ、決定的な答えは出ていないのである。いったいどこから始めたらよいだろう?

いまでも思い出すのは、とりわけハードルの高いＥＵの資金支援――研究開発に関する欧州委員会に設けられた支援プログラムのひとつ――を申請する準備を始めたときのことだ。このプロジェクトを実行するには、支援機関が一般に求めるものと正反対のものが要求される。最大限のリスクをとることである。実のところそれは、科学的裏づけのないプロジェクトを提案していた。何やら重要だが、困難なプロジェクトであり、それまで一度も実施されたことがなかった。したがって、結果的に失敗するリスクはかなり高いが、成功すれば、状況を劇的に変えるかもしれない。プロジェクトを振り返るとき、「これから一〇年間、このテーマに取り組む覚悟は本当にあるのか?」と自分自身に問いかけたことを思い出す。というのも、それらの問題に取り組もうとするなら、すべての時間をつぎ込まなければならないからだ。プロジェクトの第一弾に補助金は下りなかったが、翌年再び挑戦し、今度はチケットを手に入れた。それがペガサス・プロジェクトで、二〇二二年末まで十分な資金をもらえることになった。私たちは、塩基配列を調べてゲノムを解析できる古遺伝学者だけでなく、考古学者や先史学者、歴史学者、言語学者にも加わってもらうことにした。どの学問分野でも、この動物の奥深い歴史の謎を解き明かすことにまだ成功していなかったが、今回は学問の壁を取り払い、その専門技術とアプローチをうまく組み合わせて利用したほうがよいと考えたのだ。このやり方がよかったかどうか、本書を読んで判断していただきたい。

ペガサス・プロジェクトは私にとって、ウマとの四度目の出会い、そしておそらく、いまから思えばこれまででいちばん重要な出会いの機会となった。正直に言えば、その機会を与えてくれたのはプロジェクトそのものというより、妻だった。彼女の発案で、乗馬教室に通うことにしたからだ。幸いにも、自宅近くにたまたま乗馬センターがあった。私は四二歳だった。妻によれば、一度もウマに乗ったことがないのに、このままウマについて考えたり、話したり、食べたりすることはできないという。もっともな意見だった。実際、ヒトがある動物と密接な関係にある深いわけを知るのに、本を読んだり、理論を考えたり、抽象化したりするだけでよいはずがない。妻自身はその動物の一〇メートル以内に決して近づかなかったが——怖いから——、彼女にとってそれは当然の話だった。どのようにアプローチすれば、相手はどのように振る舞い、こちらの言うことを聞いてくれるのか。その動物のことを自分自身で経験する必要があった。ウマの背にまたがった感覚、ウマの息づかい、スピードを上げて走る感じを、身をもって体験する必要があった。

心の底から身近に感じられる動物の発見

妻の言うとおりだった！　けれども私は長いあいだ、この動物に強い思い入れがないのを、よいことだと思っていた。それが私の強みのひとつとさえ思っていた。時代は変わったのだ。しかし、少し前まで自分がどうだったか思い返すと、私は当初、どちらかといえばゾウやワニのほうが好きだった。だから、国際会議のプレゼンテーションで、自分はウマに乗らないが、どうしてウマの歴史に興味があるのか説明することから話し始めるのは、珍しいことではなかった。実際、同僚の研究者たちも、私の友人たちでさえ、廏舎で育ったわけでも、若い頃にウマで走り回ったわけでも、また競馬ファンでもないのに、どうしてこのような仕事をしているのかと驚いた。オーストラリアのジョッキー、ブレイク・シンがハイランド・レース・カラーズ・プレートでレースの最中にズボンが脱げ、文字どおり尻丸出しでゴールしたという話を聞いても、ウマに対する私の考えは変わらなかった。私は自分を正当化していた。ウマに乗らないからおそらく、ほかの人ほど先入観にとらわれずに客観的に物事を見られるのだ、俗説であろうと簡単に排除しないのだと、心底から本気で考えていた。アラブウマであろうとアメリカのウマであろうと、私にとってそれぞれ歴史があることに変わりはない。それは研究テーマであり、個人的な問題ではなかった。何の遠慮もタブーもなしに、あらゆることに向き合うことができた。

こうした見方は変わらないが――私はやはり実験データのみを道しるべとする科学者である――、こんにち、骨と肉でできた本物の動物と触れ合うことで、私の研究が新たな段階に入ったことを認めなければならない。その動物が研究対象であるとしても、単なるモノではない。必要最小限の臨床的アプローチしかとらなければ、過去の飼育者たちの選択を支配してきたものの大半を見落とす可能性がある。それはそうだ。実際、動物が決して受け入れない振る舞いとやり方がある。そのいっぽうで、アプローチが容易になる振る舞いとやり方がある。長い歴史をかけて培われた様々な飼育技術、トレーニングが、単なる目先の利用を越えて動物を変えることにどのように役立ったのか理解することは、それ自体、ひとつのテーマであり、私の研究所でいま、大きな関心を集めている。

つなぐものとしてのウマ

ペガサス・プロジェクトで私は世界各地を巡り、私から見ていまでも重要なことを学んだ。アルゼンチンからモンゴル、中央アジア、広大なロシアを経て中国まで、私たちがこの動物の歴史を語るとき、おそらく無意識に、ノスタルジックな気分になる。それはまた、おそらく、七〇歳にしてモンゴルダービーという過酷なレースに挑戦したボブ・ロングのような人々を突き動かしたものでもある。モンゴルダービーはモンゴルの草原を一〇〇〇キロにわたって駆け抜ける世界最長のホースレースで、チンギス・ハン時代の宿駅を参考に走行区間が設定されている。このレースを通じて、過去といってもそう遠い昔ではない時代の感覚を再び味わうことができる。要するに、ユーラシア大陸を騎馬が駆け巡った時代の雰囲気が少しよみがえるのである。本書も微力ではあるが、それに貢献できたら幸いである。結局のところ、一九四〇年代のロシアの探検家ピーター・グラードは「茶馬古道」の入口に戻ったとき、私と同じようなことを考えていた。僭越ながら、彼の著書『忘れられた王国』の一文を訳しておこう。「核の大惨事で近代的な交通・輸送手段が壊滅しても、私たちにはまだ、あの控え目な盟友、人類の最も古い友、ウマがいる。一時的にばらばらになった人々や国々のつながりを、ウマが再び取り戻してくれるだろう」

ペガサス・プロジェクトを通じて私が何度も確認したのは、まさにそのことである。私の行くところ、通訳がいてもいなくても、同じ事実を繰り返し確認できた。人類の歴史の大半においてそうだったように、ウマはいまでも人と人をつなぐものだということだ。モンゴル高原のホミインタル保護区でこの動物を飼育している人々の笑顔が忘れられない。早くポロ競技場にデビューさせようと子ウマたちを訓練している様子を見せてくれた、ガウチョのロロの誇らしげな顔。パーヴェル・クズネツォフが彼のターパンを指さしたときのこと。そして、アレクセイ・ティシュキンが興奮した様子で、何千年も前の人類がアルタイ山脈の岩壁に彫ったウマの絵を見せてくれたときのことも、忘れられない。結局それは、イヴェット・ランニングホース・コリンに初めて会ったとき、彼女が言ったことではないか。「ウマのあとについて行きましょう、リュドヴィク」。なぜなら、ウマは私たちに道を示してくれるからだ。果たしてウマは、これからもずっと道を示し続けることができるだろうか。

訳者あとがき

本書はリュドヴィク・オルランド著『ウマの科学と世界の歴史』（Ludovic Orlando, *La conquête du cheval: Une histoire génétique*, Odile Jacob, 2023）の全訳である。著者は古代ゲノムを手がかりに生物の系統を研究している古遺伝学者。フランス国立科学研究センター（ＣＮＲＳ）で研究部長を務めており、現在、南フランスのトゥールーズ第三ポール・サバティエ大学で人類生物学・ゲノム研究センターを主宰している。

オルランドの名が世界的に知られるようになったのは、いまからおよそ一〇年前の二〇一三年。当時デンマークのコペンハーゲン大学に在籍していた著者は、カナダの永久凍土に保存されていた動物の遺骸からＤＮＡを抽出・解読することに成功し、それが七〇万年前に生きていたウマであることを突き止めた。ＤＮＡ分析の限界を五〇万年以上さかのぼる快挙であった。

この一〇年間にシーケンシング（塩基配列決定）技術は飛躍的に進歩し、遺伝子レベルで研究可能な化石の範囲はどんどん拡大している。とくに目覚ましい成果を上げているのが人類学の分野である。人類はどこから来て、どのように地球上に広まったのか。世界各地の人々のゲノムを解析することで、その謎が解き明かされようとしている。現生の人類のＤＮＡには一部、ネアンデルタール人のＤＮＡが含まれている。つまりホモ・サピエンスはホモ・ネアンデルターレンシスと交雑していたのであり、この事実は世界中に衝撃を与えた。発見者であるスウェーデンの遺伝学者スヴァンテ・ペーボ博士が二〇二二年のノーベル生理学・医学賞を受賞したことは記憶に新しい。

いっぽうリュドヴィク・オルランド博士は二〇一三年以来、ウマの遺伝的歴史をたどることに情熱を燃やすようになる。というのも、ウマがどこから来て、どのように地球上に広まったのか、不明な点が多く残されていたからだ。とくにウマの家畜化の起源については諸説があり、まだ決着を見ていなかった。世界各地のウマのゲノムを解析することでその謎が解けるのではないかと、本書の著者は考えたわけである。それに当時、人類学をめぐる状況とは違い、遺伝子レベルでウマの歴史に関心を持つ人はほとんどいなかった。たとえ関心があったとしても、労力とコストを考えれば、そのような研究においそれと手を出すことはできなかった。

野生動物とは異なり、ウマは人間の移動にともなって世界中に拡散している。そうしたウマの系統をたどるには、世界中からDNAのサンプルを集めなければならない。著者は世界各地の研究者に声をかけ、ときには自ら現地に足を運んでサンプルの収集にあたった。貴重なサンプルが手に入っても、肝心のDNAが検出されないことも少なくない。本書によれば、数千種のサンプルのうち分析できたのは二六四種にすぎなかったという。そのなかで新たな発見につながるような、これはというサンプルに出会うチャンスはごくわずかである。まさに干し草のなかから針を探すようなものだ。

そのような苦労の末に二〇二一年、ついにウマの遺伝的近縁性を示す地図が完成する。それは従来の地図を大きく描き替えるものとなった。まず、現在の家畜ウマの発祥地は北カフカスのカスピ海沿岸にあるステップ（ドン・ヴォルガ下流域）であることが判明した。しかしそれとは別に、中央アジア（カザフスタンのボタイ）でもウマは家畜化されていた。しかも、現存する唯一の野生馬とされるプルジェワリスキーウマ（モウコノウマ）はこちらの系統に属していた。つまり、プルジェワリスキーウマは純粋な野生馬ではなく、家畜ウマの血を受け継いでおり、それは現在の家畜ウマとは別系統のウマだったわけである。

家畜ウマの起源が判明したことにも増して驚かされるのは、ドン・ヴォルガ下流域で家畜化されたウマがごく短期間にユーラシア大陸を席巻したことである。そのため、便宜的にDOM2と名づけられたこのウマは各地の在来馬をほとんど駆逐してしまい、イベリア半島から黄河流域まで、すべてのウマがこの系統に連なるものとなった。

それにしても、どうしてDOM2だったのか。その理由について、本書でも様々な仮説が立てられている（「従順さと丈夫な背中、絶妙な組み合わせ」）。おそらくウマの生物学的特性だけでなく、人間の側の都合や歴史的な状況、あるいは気候など、多くの要因がからんでいたのだろう。そのあたりの事情については、今後の学際的な研究を待ちたいと思う。いずれにせよ、DOM2は画期的なウマであり、昔の人々はこれを増やすことに大きなメリットを見出していた、ということである。

その結果どうなったかといえば、かつては様々な系統が存在していたウマの遺伝的多様性が大きく損なわれることになった。そして二〇世紀後半、ウマの遺伝子の画一化が急速に進んだ。

それまでウマは人間の生活になくてはならない動物だった。その用途は多岐にわたり、各地に特色のある在来馬が存在した。ところが「現代」と呼ばれる時代になると、ウマはほかの動力や機械に取って代わられ、私たちの周囲から姿を消していった。そしていま、ウマが活躍する場といえばほぼ競馬産業のみになってしまった。そこではどのウマよりも速く走るウマ、スプリンターの遺伝子を持つウマだけに価値がある。こうした「血統第一主義」がウマの遺伝的多様性の低下に拍車をかけている。それはすなわち、近親交配が進み、遺伝性疾患を持つウマが増加するということである……。

著者の言うとおり、ここでまたもや「ゲノミクス（ゲノム科学）」の出番となるのだろうか。ゲノミクスはウマの過去を探るのに役立つだけではない。遺伝子治療、ゲノム編集といった最先端の技術を通じて、ウマの将来に影響力を行使するようになっている。

こうした遺伝子操作は、人間の場合と同様、治療目的で行われるなら問題ないと思われるかもしれない。しかし実際には、より優秀な動物、人間にとってより都合のよい動物をつくるために利用されている。遺伝子操作も品種改良の一種と見るべきだろうか。人間はどこまで動物をつくり変えることが許されるのだろうか。

絶滅危惧種や絶滅動物を復活させることの是非も含めて、人間は野生動物や家畜とどう向き合うべきか。私たちはここで一度立ち止まり、よく考えてみる必要があるだろう。遺伝子レベルで人間の影響を最も受けた動物のひとつ、ウマの遺伝的歴史は、そのためのヒントを与えてくれるに違いない。

本書の訳出にあたっては河出書房新社編集部の渡辺史絵さんと揆木敏男さんに大変お世話になった。専門的な内容に四苦八苦している訳者を励まし、訳稿の完成を辛抱強く待ってくださったおふたりに、心から感謝申し上げる。

二〇二四年六月

吉田春美

Orlando L. *et al.*, 2006. « Geographic distribution of an extinct equid (Equus hydruntinus : Mammalia, Equidae) revealed by morphological and genetical analyses of fossils », *Molecular Ecology*, 15, p. 2083-2093.

Orlando L. *et al.*, 2003, « Morphological convergence in Hippidion and Equus (Amerhippus) South American equids elucidated by ancient DNA analysis », *Journal of Molecular Evolution*, 57 (suppl. 1), p. S29-S40.

Rousseau É., Le Bris Y., *Tous les chevaux du monde. Près de 570 races et types décrits et illustrés*, Delachaux et Niestlé, 2014, p. 544.

Simpson G. G., *Tempo and Mode in Evolution*, Columbia University Press, 1944, p. 237.

その他の文献

Chamberlin J. E., 2006, *Horse. How the Horse has Shaped Civilizations*, Bluebridge.

Digard J.-P., 2004, *Une histoire du cheval : arts, techniques, société*, Actes Sud.

Gouraud J.-L. *et al.*, 2010, The Horse : *From Cave Paintings to Modern Art*, Abbeville Press.

Hyland A., 2003, *The Horse in the Ancient World*, Praeger Published.

Leblanc M. A., 2010, *L'Esprit du cheval. Introduction à l'éthologie cognitive du cheval*, Belin.

Roche D., 2008, *Culture équestre de l'Occident xvie-xixe siècle. L'ombre du cheval. Le cheval moteur*, Fayard.

Roche D., 2008, *Culture équestre de l'Occident xvie-xixe siècle. La gloire et la puissance*, Fayard.

Roche D. 2015. *Culture équestre de l'Occident xvie-xixe siècle. Connaissances et passion*, Fayard.

Willekes C., 2016, *The Horse in the Ancient World. From Bucephalus to the Hippodrome*, IB Tauris & Co. Ltd.

Williams W., 2015, *The Horse. A Biography of our Noble Companion*, Oneworld Publications.

Galli C. *et al.*, 2003, « A cloned horse born to its dam twin », *Nature*, 424, p. 635-636.
Gambini A. *et al.*, 2022, « State of the art of nuclear transfer technologies for assisting mammalian reproduction », *Molecular Reproduction and Development*, 89, p. 230-242.
Gambini A., Maserati M., 2018, « A journey through horse cloning », *Reproduction, Fertility and Development*, 30, p. 8-17.
Hinrichs K., 2006, « A review of cloning in the horse », *American Association Equine Practitioners Proceedings*, 52, p. 398-401.
Kraemer D. C., 2013, « A history of equine embryo transfer and related technologies », *Journal of Equine Veterinary Science*, 33, p. 305-308.
Laffaye H. A., 2009, *The Evolution of Polo*, McFarland & Company Inc., p. 364.
Los Pingos del Taita : http://www.en.lospingosdeltaita.com/.
Moro L. N. *et al.*, 2020, « Generation of myostatin edited horse embryos using CRISPR/Cas9 technology and somatic cell nuclear transfer », *Scientific Reports*, 10, p. 15587.
Olivera R. *et al.*, 2016, « In vitro and in vivo development of horse clone embryos generated with iPSCs, mesenchymal stromal cells and fetal or adult fibroblast as nuclear donors », *PLoS One*, 11, e0164049.
Pilcher H., 2020, *Life Changing : How Humans are Altering Life on Earth*, Bloomsbury Sigma, p. 383.
« Rare horse cloned from cells taken from a stallion in 1980 », *CBS News*, 15 octobre 2020 (https://www.cbsnews.com/news/rare-horse-cloned-from-cellstaken-from-a-stallion-in-1980/).
Starr M., 2020, « Scientists clone an endangered Przewalski's horse for the first time, and it's so cute », *Science Alert* (https://www.sciencealert.com/rare-endangered-adorable-baby-horse-is-the-first-clone-of-his-kind).
Summers P. M. *et al.*, 1987, « Successful transfer of the embryos of Przewalski's horses (*Equus przewalskii*) and Grant's zebra (*E. burchelli*) to domestic mares (*E. caballus*) », *Journal of Reproduction and Fertility*, 80, p. 13-20.
US Food and Drug Administration, 2021, « A primer on cloning and its use in livestock operations » (https://www.fda.gov/animal-veterinary/animal-cloning/primer-cloning-and-its-use-livestock-operations).
Usborne D., 2015, « Polo cloning is set revolutionise the sport at Argentina's Palermo Open », *The Independent*, 30 octobre 2015 (https://www.independent.co.uk/news/world/americas/polo-pony-cloning-is-set-revolutionise-the-sport-at-argentina-s-palermo-open-a6715646.html).
Woods G. L. et al., 2003, « A mule cloned from fetal cells by nuclear transfer », *Science*, 301, p. 1063.

第 13 章

Brooks S. A., 2021, « Genomics in the horse industry : Discovering new questions at every turn », *Journal of Equine Veterinary Science*, 100, p. 103456.
DeLuca A. N., 2014, « World's toughest horse race retraces Genghis Khan's postal route », *National Geographic*, 7 août 2014 (https://www.nationalgeographic.com/travel/article/140806-mongolia-derby-horses-genghis-riders-adventure-race).
ERC PEGASUS : https://orlandoludovic.wixsite.com/pegasus-erc.
Goullart P., 1957, *Forgotten Kingdom*, Readers Union, John Murray, p. 259.
Orlando L. *et al.*, 2013, « Recalibrating *Equus* evolution using the genome sequence of an early Middle Pleistocene horse », *Nature*, 499, p. 74-78.

: Heralding a new dawn ? », *British Journal of Sports Medicine*, 39, p. 582-584.

Todd E. T. *et al.*, 2018, « Founder-specific inbreeding depression affects racing performance in Thoroughbred horses », *Scientific Reports*, 8, p. 6167.

Todd E. T. *et al.*, 2020, « A genome-wide scan for candidate lethal variants in Thoroughbred horses », *Scientific Reports*, 10, p. 13153.

Tozaki T. *et al.*, 2012, « A cohort study of racing performance in Japanese Thoroughbred racehorses using genome information on ECA18 », *Animal Genetics*, 43, p. 42-52.

Tozaki T. *et al.*, 2019, « Droplet digital PCR detection of the erythropoietin transgene from horse plasma and urine for gene-doping control », *Genes (Basel)*, 10, p. 243.

Tozaki T. *et al.*, 2020, « Microfluidic quantitative PCR detection of 12 transgenes from horse plasma for gene doping control », *Genes (Basel)*, 11, p. 457.

Tozaki T. *et al.*, 2020, « Whole-genome resequencing using genomic DNA extracted from horsehair roots for gene-doping control in horse sports », *Journal of Equine Science*, 31, p. 75-83.

Tozaki T. *et al.*, 2021, « Detection of non-targeted transgenes by whole-genome resequencing for gene-doping control », *Gene Therapy*, 28, p. 199-205.

Tozaki T. *et al.*, 2021, « Low-copy transgene detection using nested digital polymerase chain reaction for gene-doping control », *Drug Testing and Analysis*, 14, p. 382-387.

Tozaki T. *et al.*, 2021, « Robustness of digital PCR and real-time PCR against inhibitors in transgene detection for gene doping control in equestrian sports », *Drug Testing and Analysis*, 13, p. 1768-1775.

Tozaki T. *et al.*, 2021, « Simulated validation of intron-less transgene detection using DELLY for gene-doping control in horse sports », *Animal Genetics*, 52, p. 759-761.

Tozaki T., Hamilton N. A., 2021, « Control of gene doping in human and horse sports », *Gene Therapy*, 29, p. 107-112.

Wilkin T. *et al.*, 2017, « Equine performance genes and the future of doping in horseracing », *Drug Testing and Analysis*, 9, p. 1456-1471.

Yamanaka S., 2015, « From genomics to *Gene Therapy* : Induced pluripotent stem cells meet genome editing », *Annual Review of Genetics*, 49, p. 47-70.

第 12 章

Adli M., 2018, « The CRISPR tool kit for genome editing and beyond », *Nature Communications*, 9, p. 1911.

Aggeler M., 2021, « Can this company take pet cloning mainstream ? », *Texas Monthly* (https://www.texasmonthly.com/news-politics/advances-in-pet-cloning/).

Cohen H., 2015, « How champion-pony clones have transformed the game of polo », *Vanity Fair* (https://www.vanityfair.com/news/2015/07/polo-horse-cloning-adolfo-cambiaso).

Cohen J., 2016, « Six cloned horses help rider win prestigious polo match », *Science* (https://www.science.org/content/article/six-cloned-horses-help-riderwin-prestigious-polo-match).

Der Sarkissian C. *et al.*, 2015, « Evolutionary genomics and conservation of the endangered Przewalski's horse », *Current Biology*, 25, p. 2577-2583.

Doña Sofía Polo : https://www.dsofiapolo.com/.

Evans M., 2017, « An inside look at equine cloning », *Horse Journals* (https://www.horsejournals.com/horse-care/alternative-therapies/inside-look-equine-cloning).

risks-152228).
Jiang Z. *et al.*, 2021, « A quantitative PCR screening method for adeno-associated viral vector 2-mediated gene doping », *Drug Testing and Analysis*, 14, p. 963-972.
Johnson BJ, 1994. Causes of death in racehorses over a 2 year period. *Equine Veterinary Journal*, 26, 327-330.
Maniego J. *et al.*, 2021, « Screening for gene doping transgenes in horses via the use of massively parallel sequencing », *Gene Therapy*, 29, p. 236-246.
Marx W., 2007, « Danger out of the gate », *ABC News*, 8 février 2007 (https://abcnews.go.com/Sports/story?id=2857650&page=1).
Marycz K. *et al.*, 2021, « Equine hoof stem progenitor cells (HPC) CD29+/Nestin+/K15+ – a noval dermal/epidermal stem cell population with a potential critical role for laminitis treatment », *Stem Cell Reviews and Reports*, 17, p. 1478-1485.
McGill Thomas R. Jr., 1990, « Northern Dancer, one of racing's great sires, is dead », *The New York Times* (https://www.nytimes.com/1990/11/17/sports/horse-racingnorthern-dancer-one-of-racing-s-great-sires-is-dead.html).
McGivney B. A. *et al.*, 2012, « MSTN genotypes in Thoroughbred horses influence skeletal muscle gene expression and racetrack performance », *Animal Genetics*, 43, p. 810-812.
Minetti A. E. *et al.*, 1999, « The relationship between mechanical work and energy expenditure of locomotion in horses », *The Journal of Experimental Biology*, 202, p. 2329-2338.
Nathanson M., 2019, « Breeders'Cup, the Super Bowl of racing, marred by another horse's death at Santa Anita », *ABC News* (https://abcnews.go.com/US/breeders-cup-super-bowl-racing-marred-horses-death/story?id=66720756).
O'Meara B., 2016, « The triumph and tragedy of Barbaro's fateful Triple Crown Run, 10 years later », *Bleacher Report* (https://bleacherreport.com/articles/2640699-thetriumph-and-tragedy-of-barbaros-fateful-triple-crown-run-10-years-later).
Okito K., Yamanaka S., 2011, « Induced pluripotent stem cells : Opportunities and challenges », *Philosophical Transactions of the Royal Society London B Biological Sciences*, 366, p. 2198-2207.
Paulick R., 2003, « Death of a Derby winner : Slaughterhouse likely fate for Ferdinand », *The Blood Horse* (https://www.bloodhorse.com/horse-racing/articles/180859/death-of-a-derby-winner-slaughterhouse-likely-fate-for-ferdinand).
Przadka P. *et al.*, 2021, « The role of mesenchymal stem cells (MSCs) in veterinary medicine and their use in musculoskeletal disorders », *Biomolecules*, 11, p. 1141.
Ribitsch I. *et al.*, 2021, « Regenerative medicine for equine musculoskeletal diseases », *Animals*, 11, p. 234.
Romero A. *et al.*, 2017, « Comparison of autologous bone marrow and adipose tissue derived mesenchymal stem cells, and platelet rich plasms, for treating surgically induced lesions of the equine superficial digital flexor tendon », *The Veterinary Journal*, 224, p. 76-84.
Rooney M. F. *et al.*, 2018, « The "speed gene" effect of myostatin arises in Thoroughbred horses due to a promoter proximal SINE insertion », *PLoS One*, 13, e0205664.
Russel A., 2021, « Is the Melbourne Cup still the race that stops the nation – or are we saying #nuptothecup ? », *The Conversation* (https://theconversation.com/is-the-melbourne-cup-still-the-race-that-stops-the-nation-or-are-we-saying-nuptothecup-170801).
Smith R. K. W., Webbon P. M., 2005, « Harnessing the stem cell for the treatment of tendon injuries

in allogeneic plateletrich plasma : 2-Year follow-up after tendon or ligament treatment in horses », *Frontiers in Veterinary Science*, 4, p. 158.

Blaineau A., 2011, *Xénophon. L'intégrale de l'oeuvre équestre*, Actes Sud, p. 280.

Bower M. A. *et al.*, 2012, « The genetic origin and history of speed in the Thoroughbred racehorse », *Nature Communications*, 3, p. 643.

Cash M. M., 2021, « The death of Kentucky Derby winner Medina Spirit was at least the 75th under Bob Baffert and illuminates the dark underbelly of horse racing », *Insider* (https://www.insider.com/medina-spirit-kentucky-derby-winner-dies-horse-racing-abuses-analyzed-2021-12).

Catton P., Wezerek G., 2018, « Nearly half the Kentucky Derby field is racing against half-brother », *FiveThirtyEight* (https://fivethirtyeight.com/features/nearly-half-the-kentucky-derby-field-is-racing-against-a-half-brother/).

Cheung H. W. *et al.*, 2021, « A duplex qPCR assay for human erythropoietin (EPO) transgene to control gene doping in horses », *Drug Testing and Analysis*, 13, p. 113-121.

Chung M. J. *et al.*, 2019, « Differentiation of equine induced pluripotent stem cells into mesenchymal lineage for therapeutic use », *Cell Cycle*, 18, p. 21.

De Mattos Carvalho A. *et al.*, 2013, « Equine tendonitis therapy using mesenchymal stem cells and platelet concentrates : A randomized controlled trial », *Stem Cell Research and Therapy*, 4, p. 85.

Drape J., 2022, « Medina Spirit was pulled by the forelegs into a world that let him down », *The New York Times*, 6 mai 2022 (https://www.nytimes.com/2022/05/06/sports/horse-racing/medina-spirit-kentucky-derby.html).

Evans D., 2014, « Horses for courses : The science behind Melbourne Cup winners », *The Conversation* (https://theconversation.com/horses-for-courses-the-sciencebehind-melbourne-cup-winners-33362).

Fenner K., Hyde M. L., 2019, « Who's responsible for the slaughtered ex-racehorses, and what can be done ? », *The Conversation* (https://theconversation.com/whos-responsible-for-the-slaughtered-ex-racehorses-and-what-can-be-done-125551).

Fobar R., 2020, « Why horse racing is so dangerous », *National Geographic*, 21 janvier 2020 (https://www.nationalgeographic.com/animals/article/horseracing-risks-deaths-sport).

Garcia-Roberts G., Rich S., 2021, « The dark side of Bob Baffert's reign », *Washington Post*, 18 juin 2021 (https://www.washingtonpost.com/sports/2021/06/18/bob-baffert-horse-deaths-drug-violations/).

Guest D. J. *et al.*, 2008, « Monitoring the fate of autologous and allogeneic mesenchymal progenitor cells injected into the superficial digital flexor tendon of horses : Preliminary study », *Equine Veterinary Journal*, 40, p. 178-181.

Henshall C., McGreevy P., 2019, « Breeding Thoroughbreds is far from natural in the race for a winner », *The Conversation* (https://theconversation.com/breeding-thoroughbreds-is-far-from-natural-in-the-race-for-a-winner-121087).

Hill E. W. *et al.*, 2012, « MSTN genotype (g.66493737C/T) association with speed indices in Thoroughbred racehorses », *Journal of Applied Physiology* (1985), 112, p. 86-90.

Hill E. W. *et al.*, 2022, « Inbreeding depression and the probability of racing in the Thoroughbred horse », *Proceedings of the Royal Society Biological Sciences*, 289, 20220487.

Hogg R., 2021, « Racing 2-year-old horses is lucrative, but is it worth the risks ? », *The Conversation* (https://theconversation.com/racing-2-year-oldhorses-is-lucrative-but-is-it-worth-the-

Lorenzen E. D. *et al.*, 2011, « Species-specific responses of Late Quaternary megafauna to climate and humans », *Nature*, 479, p. 359-364.

Macfadden B. J., 2005, « Evolution. Fossil horses – evidence for evolution », *Science*, 307, p. 1728-1730.

Mitchell P., 2015, *Horse Nations : The Worldwide Impact of the Horse on Indigenous Societies Post-1492*, Oxford University Press, p. 496.

Murchie T. J. *et al.*, 2021, « Collapse of the mammoth-steppe in central Yukon as revealed by ancient environmental DNA », *Nature Communications*, 12, p. 7120.

Orlando L. *et al.*, 2013, « Recalibrating Equus evolution using the genome sequence of an early Middle Pleistocene horse », *Nature*, 499, p. 74-78.

Orlando L., *L'ADN fossile, une machine à remonter le temps*, Odile Jacob, 2020, p. 252.

Orlando L. *et al.*, 2021, « Animaux sauvages et animaux domestiques, des concepts indépassables ? », in Baratay É. (dir.), *L'Animal désanthropisé. Interroger et redéfinir les concepts*, Éditions de la Sorbonne, p. 320.

Raff J., 2022, Origin. *A Genetic History of the Americas*, Twelve, p. 368.

Sacred Way Sanctuary : https://www.sacredwaysanctuary.org.

Shapiro B., 2015, *How to Clone a Mammoth : The Science of De-Extinction*, Princeton University Press, p. 256.（ベス・シャピロ『マンモスのつくりかた――絶滅生物がクローンでよみがえる』宇丹貴代実訳、筑摩書房、2016）

Taylor W. *et al.*, 202X. « Early dispersal of domestic horses in the Great Plains and Northern Rockies », *Science*, XX, p. XX-XX. ?????

Vershinina A. O. *et al.*, 2021, « Ancient horse genomes reveal the timing and extent of dispersals across the Bering Land Bridge », *Molecular Ecology*, 30, p. 6144-6161.

Wang Y. *et al.*, 2021, « Late Quaternary dynamics of Arctic biota from ancient environmental genomics », *Nature*, 600, p. 86-92.

Willerslev E. *et al.*, 2003, « Diverse plant and animal genetic records from Holocene and Pleistocene sediments », *Science*, 300, p. 791-795.

Willerslev E. *et al.*, 2014, « Fifty thousand years of Arctic vegetation and megafaunal diet », *Nature*, 506, 47-51.

第 11 章

2012, « Tendon injury ends Triple Crown dream », *Horsetalk.co.nz* (https://www.horsetalk.co.nz/2012/06/09/tendon-injury-ends-triple-crown-dream/).

2020, « Epsom Derby winner Anthony Van Dyck dies following Melbourne Cup injury », *Horsetalk.co.nz* (https://www.horsetalk.co.nz/2020/11/03/anthony-van-dyck-dies-melbourne-cup-injury/).

Bailey E. *et al.*, 2021, « Genetics of Thoroughbred racehorse performance », *Annual Review of Animal Biosciences*, 10, p. 131-150.

Baron E. E. *et al.*, 2012, « SNP identification and polymorphism analysis in exon 2 of the horse myostatin gene », *Animal Genetics*, 43, p. 229-232.

Bayer B., 2003, « Roses to ruin », *The Blood-Horse*. [??? Préciser, non trouvé ???]

Bayer B., 2003, « The search for Ferdinand », *The Blood-Horse* (https://www.bloodhorse.com/horse-racing/articles/178402/the-search-for-ferdinand).

Beerts C. *et al.*, 2017, « Tenogenically induced allogeneic Peripheral Blood Mesenchymal stem cells

Liu X. *et al.*, 2019, « EPAS1 gain-of-function mutation contributes to high-altitude adaptation in Tibetan horses », *Molecular Biology and Evolution*, 36, p. 2591-2603.

Ma Y. F. *et al.*, 2019, « Population genomics analysis revealed origin and high-altitude adaptation of Tibetan pigs », *Scientific Reports*, 9, p. 11463.

Nace T., 2017, « Siberia's "doorway to the underworld" is rapidly growing in size », *Forbes*, 21 février 2017 (https://www.forbes.com/sites/trevornace/2017/02/28/siberias-doorway-underworld-rapidly-growing-size/?sh=5bd8001b6599).

Nielsen R. *et al.*, 2017, « Tracing the peopling of the world through genomics », *Nature*, 541, p. 302-310.

Quintana-Murci L., 2021, *Le Peuple des humains*, Odile Jacob, p. 336.

Sigley G., 2012, « The Ancient Tea Horse Road. The politics of cultural heritage in Southwest China », *China Heritage Quarterly*, 29, p. 1-6.

Sigley G., 2013, « The Ancient Tea Horse Road and the politics of cultural heritage in Southwest China : Regional identity in the context of a rising China », in Blumenfield T., Silverman H. (dir.), *Cultural Heritage Politics in China*, Springer, p. 235-246.

Wang G. D. *et al.*, 2014, « Genetic convergence in the adaptation of dogs and humans to the high-altitude environment of the Tibetan Plateau », *Genome Biology and Evolution*, 6, p. 2122-2128.

Wei C. *et al.*, 2016, « Genome-wide analysis reveals adaptation to high altitudes in Tibetan sheep », *Scientific Reports*, 6, p. 26770.

Wu D. *et al.*, 2020, « Convergent genomic signatures of high-altitude adaptation among domestic animals », *National Science Review*, 7, p. 952-963.

Zhang W. *et al.*, 2013, « Hypoxia adaptations in the grey wold (Canis lupus chanco) from Qinghai-Tibet plateau », *PLoS Genetics*, 10, p. e1004466.

Zhang X. *et al.*, 2021, « The history and evolution of the Denisovan-EPAS1 haplotype in Tibetans », *Proceedings of the National Academy of Sciences USA*, 118, p. e2020803118.

第 10 章

Collin Y. R. H., 2017, *The Relationship Between the Indigenous Peoples of the Americas and the Horse : Deconstructing a Eurocentric Myth*, University of Alaska Fairbanks, PhD dissertation in Indigenous Studies (https://scholarworks.alaska. edu/handle/11122/7592).

Der Sarkissian C. *et al.*, 2015, « Mitochondrial genomes reveal the extinct *Hippidion* as an outgroup to all living equids », *Biology Letters*, 11, 20141058.

Feagans C., 2019, « Pseudoarchaeological claims of Horses in the Americas », *Archaeology Reviews*, 16 juillet 2019 (https://ahotcupofjoe.net/2019/07/ pseudoarchaeological-claims-of-horses-in-the-americas/).

Forrest S., 2017, *The Age of the Horse : An Equine Journey Through Human History*, Atlantic Monthly Press, p. 432.

Haile J. *et al.*, 2009, « Ancient DNA reveals late survival of mammoth and horse in interior Alaska », *Proceedings of the National Academy of Sciences USA*, 106, p. 22352-22357.

Hämäläinen P., 2012, *L'Empire comanche*, Anacharsis Éditions, p. 599.

Hämäläinen P., 2019, *Lakota America. A new history of Indigenous power*, Yale University Press, p. 544.

Heintzman P. D. *et al.*, 2017, « A new genus of horse from Pleistocene North America », *Elife*, 6, p. e29944.

Lorans E., 2017, *Le Cheval au Moyen Âge*, Presses universitaires François-Rabelais (Tours), p. 450.
Ludwig A. *et al.*, 2009, « Coat color variation at the beginning of horse domestication », *Science*, 324, p. 485.
Makvandi-Nejad S. *et al.*, 2012, « Four loci explain 83 % of size variation in the horse », *PLoS One*, 7, e39929.
Metzger J. *et al.*, 2013, « Analysis of copy number variants by three detection algorithms and their association with body size in horses », *BMC Genomics*, 14, p. 487.
Metzger J. *et al.*, 2013, « Expression levels of LCORL are associated with body size in horses », *PLoS One*, 8, e56497.
Nistelberger H. M. *et al.*, 2019, « Sexing Viking Age horses from burial and non-burial sites in Iceland using ancient DNA », *Journal of Archaeological Science*, 101, p. 115-122.
Novoa-Bravo M. *et al.*, 2018, « Selection on the Colombian paso horse's gaits has produced kinematic differences partly explained by the DMRT3 gene », *PLoS One*, 13, e0202584.
Promerová M. *et al.*, 2014, « Worldwide frequency distribution of the "Gait keeper" mutation in the DMRT3 gene », *Animal Genetics*, 45, p. 274-82.
Regatieri I. C. *et al.*, 2016, « Comparison of DMRT3 genotypes among American Saddlebred horses with reference to gait », *Animal Genetics*, 47, p. 603-605.
Ricard A., Duluard A., 2021, « Genomic analysis of gaits and racing performance of the french trotter », *Journal of Animal Breeding and Genetics*, 138, p. 204-222.
Schubert M. *et al.*, 2014, « Prehistoric genomes reveal the genetic foundation and cost of horse domestication », *Proceedings of the National Academy of Sciences USA*, 111, p. e5661-e5669.
Sponenberg P., Bellone R., 2017, *Equine Color Genetics*, Wiley-Blackwell, 4e édition, p. 352.
Staiger E. A. *et al.*, 2017, « The evolutionary history of the DMRT3 "Gait keeper" haplotype », *Animal Genetics*, 48, p. 551-559.
Warhorse : *The Archaeology of a Medieval Revolution ?* (https://medievalwarhorse. exeter.ac.uk).
Wutke S. *et al.*, 2016, « The origin of ambling horses », *Current Biology*, 26, p. R697-R699.
Wutke S. *et al.*, 2016, « Spotted phenotypes in horses lost attractiveness in the Middle Ages », *Scientific Reports*, 6, p. 38548.

第 9 章

Crubézy É., 2017, *Vainqueurs ou vaincus ? L'énigme de la Iakoutie*, Odile Jacob, p. 246.
Ferret C., 2010, *Une civilisation du cheval. Les usages de l'équidé, de la steppe à la taïga*, Belin, p. 350.
Fuquan Y., 2004, *The "Ancient Tea and Horse Caravan Road", the "Silk Road" of Southwest China*, The Silkroad Foundation Newsletter 2 (http://www.silkroadfoundation.org/newsletter/2004vol2num1/tea.htm).
Kayser C. *et al.*, 2015, « The ancient Yakuts : A population genetic enigma » *Philosophical Transactions of the Royal Society London B Biological Sciences*, 370, 20130385.
Librado P. *et al.*, 2015, « Tracking the origins of Yakutian horses and the genetic basis for their fast adaptation to subarctic environments », *Proceedings of the National Academy of Sciences USA*, 112, p. e6889-e6897.
Liesowka A., 2013, « Exclusive : The first pictures of blood from a 10,000 year old Siberian woolly mammoth », *The Siberian Times*, 29 mai 2013 (https://siberiantimes.com/science/casestudy/news/exclusive-the-first-pictures-ofblood-from-a-10000-year-old-siberian-woolly-mammoth/).

Arabian horses », *Genes*, 13, p. 229.

Ricard A. *et al.*, 2017, « Endurance exercise ability in the horse : A trait with complex polygenic determinism », *Frontiers in Genetics*, 8, p. 89.

Ropka-Molik K. *et al.*, 2019, « The genetics of racing performance in Arabian horses », *International Journal of Genomics*, 9013239.

Ropka-Molik K. *et al.*, 2019, « The use of the SLC16A1 gene as a potential marker to predict race performance in Arabian horses », *BMC Genetics*, 20, p. 73.

Rudolph J. A. *et al.*, 1992, « Periodic paralysis in Quarter horses : A sodium channel mutation disseminated by selective breeding », *Nature Genetics*, 2, p. 144-147.

Schiettecatte J., Zouache A., 2017, « The horse in Arabia and the Arabian horse : Origins, myths and realities », *Arabian Humanities. Revue internationale d'archéologie et de sciences sociales sur la péninsule arabique*, 8 (https://www.google.fr/search?q=d o i % 3 A 1 0 . 4 0 0 0 % 2 F c y . 3 2 8 0 & s o u r c e = h p & e i = i v W a Y 6 T 0 B8mJkdUPv_SfkAg&iflsig=AJiK0e8AAAAAY5sDmnsy Pi9aUeZWFWrfuaBu3CsspnQY&ved=0ahUKEwik4Yvps_v7AhXJRKQEHT_6B4IQ-4dUDCAc &uact=5&oq=doi%3A10.4000%2Fcy.3280&gs_lcp=Cgdnd3Mtd2l6EANQAFgAYIMNaABwA HgAgAEdiAEdkgEBMZgBAKABAqABAQ&sclient=gws-wiz).

Thomas-Derevoge P., 2006, *Le Vizir. Le plus illustre cheval de Napoléon*, Éditions du Rocher p. 331.

Wallner B. *et al.*, 2017, « Y chromosome uncovers the recent Oriental origin of modern stallions », *Current Biology*, 27, p. 2029-2035.

Wutke S. *et al.*, 2018, « Decline of genetic diversity in ancient domestic stallions in Europe », *Science Advances*, 4, eaap9691.

第 8 章

Ameen C. *et al.*, 2021, « In search of the "great horse" : A zooarchaeological assessment of horses from England (AD 300-1650) », *Journal of Osteoarchaeology*, 31, p. 1247-1257.

Ameen C. *et al.*, 2021, « Interdisciplinary approaches to the medieval warhorse », *Cheiron. The International Journal of Equine and Equestrian History*, 1, p. 100-119.

Andersson L. S. *et al.*, 2012, « Mutations in DMRT3 affect locomotion in horses and spinal circuit function in mice », *Nature*, 488, p. 642-646.

Barthélémy D., 2012, *La Chevalerie*, Perrin, « Tempus », p. 624.

Bouet P., 2015, « Les chevaux de la tapisserie de Bayeux », *In Situ. Revue des patrimoines*, 27 : Le Cheval et ses patrimoines (https://journals.openedition.org/insitu/11967).

Clavel B. *et al.*, 2021, « Sex in the city : Uncovering sex-specific management of equine resources from prehistoric times to the Modern Period in France », *Journal of Archaeological Science : Reports*, 41, p. 103341.

Fages A. *et al.*, 2019, « Tracking five millennia of horse management with extensive ancient genome time series », *Cell*, 177, p. 1419-1435.

Imsland F. *et al.*, 2016, « Regulatory mutations in TBX3 disrupt asymmetric hair pigmentation that underlies Dun camouflage color in horses », *Nature Genetics*, 48, p. 152-158.

Langdon J., 2002, *Horses, Oxen and Technological Innovation : The Use of Draught Animals in English Farming from 1066-1500*, Cambridge University Press, p. 348.

Liu X. *et al.*, 2022, « A single-nucleotide mutation within the TBX3 enhancer increased body size in Chinese horses », *Current Biology*, 32, p. 480-487.

Animal Genetics, 29, p. 41-42.
Brooks S. A. *et al.*, 2010, « Whole-genome SNP association in the horse : Identification of a deletion in Myosin Va responsible for Lavender Foal syndrome », *PLoS One*, 6, e1000909.
Cosgrove E. J. *et al.*, 2020, « Genome diversity and the origin of the Arabian horse », *Scientific Reports*, 10, p. 9702.
Fages A. *et al.*, 2019, « Tracking five millennia of horse management with extensive ancient genome time series », *Cell*, 177, p. 1419-1435, e31.
Felkel S. *et al.*, 2018, « Asian horses deepen the MSY phylogeny », *Animal Genetics*, 49, p. 90-93.
Felkel S., *et al.*, 2019, « The horse Y chromosome as an informative marker for tracing sire lines », *Scientific Reports*, 9, p. 6095.
Fontanel M. *et al.*, 2020, « Variation in the SLC16A1 and the ACOX1 genes is associated with gallop racing performance in Arabian horses », *Journal of Equine Veterinary Science*, 93, p. 103202.
Harrigan P., 2012, « Discovery at Al-Magar. Saudi Aramco World », *Aramco World* (https://archive.aramcoworld.com/issue/201203/).
Jun J. *et al.*, 2014, « Whole genome sequence and analysis of the Marwari horse breed and its genetic origin », *BMC Genomics*, 15, suppl 9, S4.
Kawai M. *et al.*, 2009, « Muscle fiber population and biochemical properties of whole body muscles in Thoroughbred horses », *The Anatomical Record*, 292, p. 1663-1669.
Leisson K. *et al.*, 2008, « Adaptation of equine locomotor muscle fiber types to endurance and intensive highspeed training », *Journal of Equine Veterinary Science*, 28, p. 395-401.
Librado P. *et al.*, 2017, « Ancient genomic changes associated with domestication of the horse », *Science*, 356, p. 442-445.
Lindgren G. *et al.*, 2004, « Limited number of patrilines in horse domestication », *Nature Genetics*, 36, p. 335-336.
Mach N. *et al.*, 2017, « Understanding the response to endurance exercise using a systems biology approach : Combining blood metabolomics, transcriptomics and miRNomics in horses », *BMC Genomics*, 18, p. 187.
Miyata H. *et al.*, 2018, « Effect of myostatin SNP on muscle fiber properties in male Thoroughbred horses during training period », *Journal of Physiological Science*, 68, p. 639-646.
Musial A. D. *et al.*, 2019, « ACTN3 genotype distribution across horses representingdifferent utility types and breeds », *Molecular Biology Reports*, 46, p. 5795-5803.
Myćka G. *et al.*, 2020, « Variability of ACOX1 gene polymorphisms across different horse breeds with regard to selection pressure », *Animals*, 10, p. 2225.
Olsen S. L., 2017, « Insight on the ancient Arabian horse from north Arabian petroglyphs », *Arabian Humanities. Revue internationale d'archéologie et de sciences sociales sur la péninsule Arabique*, 8 (https://kuscholarworks.ku.edu/handle/1808/27619?show=full).
Orlando L., Librado P., 2019, « Origin and evolution of deleterious mutations in horses », *Genes (Basel)*, 10, p. 649.
Pagan J. D., 2015, « Energy and the performance horse », *in Advances in Equine Nutrition*, Nottingham University Press, p. 141-148.
Pickering C., Kiely J., 2017, « ACTN3 : More than just a gene for speed », *Frontiers in Physiology*, 8, p. 1080.
Remer V. *et al.*, 2022, « Y-chromosomal insights into breeding history and sire line genealogies of

landscape ? », *Journal of Quaternary Science*, 26, p. 805-812.
Svenning J. C., 2016, « Science for a wilder Anthropocene : Synthesis and future directions for trophic rewilding research », *Proceedings of the National Academy of Sciences USA*, 113, p. 898-906.
Walker T. R., 2019, « Wild horses or pests ? How to control free-roaming horses in Alberta », *The Conversation* (https://theconversation.com/wild-horses-or-pestshow-to-control-free-roaming-horses-in-alberta-122510).

第6章

Bennett E. A. *et al.*, 2021, « The genetic identity of the earliest human-made hybrid animals, the kungas of Syro-Mesopotamia », *Science Advances*, 8, eabm0218.
Chandezon C., 2005, « "Il est le fils de l'âne…" Remarques sur les mulets dans le monde grec », in Gardeisen A., *Les Équidés dans le monde méditerranéen antique*, actes du colloque organisé par l'École française d'Athènes, le Centre Camille-Jullian et l'UMR 5149 du CNRS, p. 207-208.
Chappez G., 2000, *L'âne, histoire, mythe et réalité*, Cabedita, p. 144.
Clavel P. *et al.*, 2021, « Assessing the predictive taxonomic power of the bony labyrinth 3D shape in horses, donkeys and their F1-hybrids », *Journal of Archaeological Science*, 131, 105383.
Cucchi T. *et al.*, 2017, « Detecting taxonomic and phylogenetic signals in equid cheek teeth : Towards new palaeontological and archaeological proxies », *Royal Society Open Science*, 4, 160997.
Giaimo C., 2016, « The 1976 great american horse race was won by a mule named Lord Fauntleroy », *Atlas Obscura* (https://www.atlasobscura.com/articles/the-1976-great-american-horse-race-was-won-by-a-mule-named-lord-fauntleroy).
Kessler M., 2016, « How a steeplejack, a teenager and a mule won the great american horse race », *Wbur* (https://www.wbur.org/onlyagame/2016/09/09/virl-pierce-norton-horse-mule-race).
Lepetz S. *et al.*, 2021, « Historical management of equine resources in France from the Iron Age to the Modern Period », *Journal of Archaeological Science : Reports*, 40, 103250.
Librado P., Orlando L., 2021, « Genomics and the evolutionary history of equids », *Annual Review of Animal Biosciences*, 9, p. 81-101.
Mitchell P., 2018, *The Donkey in Human History : An Archaeological Perspective*, Oxford University Press, p. 245.
Robinson III C. M., 2018, « The hybrid beast that built the West », *HistoryNet* (https://www.historynet.com/hybrid-beast-built-west/).
Schubert M. *et al.*, 2017, « Zonkey : A fast, simple, accurate and sensitive method to genetically identify F1-equid hybrids in archaeological assemblages », *Journal of Archaeological Science*, 78, p. 147-157.
Steiner C. C., Ryder O. A., 2013, « Characterization of Prdm9 in equids and sterility in mules », *PLoS One*, 8, e61746.
Todd E. *et al.*, 2022, « The genomic history and global expansion of domestic donkeys », *Science*, 377, p. 1172-1180.

第7章

AbouEl Ela N. A. *et al.*, 2018, « Molecular detection of Severe Combined Immunodeficiency Disorder in Arabian horses in Egypt », *Journal of Equine Veterinary Science*, 68, p. 55-58.
Bernoco D., Bailey E., 1998, « Frequency of the SCID gene among Arabian horses in the USA »,

Bignon O., 2006, « De l'exploitation des chevaux aux stratégies de subsistance des magdaléniens du Bassin parisien », *Gallia Préhistoire*, 48, p. 181-206.

Cavin L., Alvarez N., 2021, *Faire revivre des espèces disparues ?*, Favre, p. 200.

Clottes J., 2011, *Pourquoi l'art préhistorique ?*, Gallimard, p. 336.

Driscoll D., 2020, « National parks are for native wildlife, not feral horses : Federal court », *The Conversation* (https://theconversation.com/national-parks-are-for-native-wildlife-not-feral-horses-federal-court-138204).

Fages A. *et al.*, 2019, « Tracking five millennia of horse management with extensive ancient genome time series », *Cell*, 177, p. 1419-1435.

Fraser M., 2020, « Britain's endangered native ponies could help habitats recover– and Brexit offers an opportunity », *The Conversation* (https://theconversation.com/britains-endangered-native-ponies-could-help-habitats-recover-and-brexit-offers-an-opportunity-122888).

Fritz C., 2017, *L'Art de la préhistoire*, Éditions Citadelles et Mazenod, p. 626.

Guy E., 2017, *Ce que l'art préhistorique nous dit de nos origines*, Flammarion, p. 352.

Kopnina H. M. *et al.*, 2019, « Learning to rewild : Examining the failed case of the Dutch "New Wilderness" Oostvaardersplassen », *Communication and Education* 25-3 (https://ijw.org/learning-to-rewild/).

Leroi-Gouhan A., 1992, *L'Art pariétal. Langage de la Préhistoire*, Éditions Jérome Million, p. 423.

Librado P. *et al.*, 2015, « racking the origins of Yakutian horses and the genetic basis for their fast adaptation to subarctic environments », *Proceedings of the National Academy of Sciences USA*, 112, p. e6889-e6897.

Librado P. *et al.*, 2021, « The origins and spread of domestic horses from the WesternX Eurasian steppes », *Nature*, 598, p. 634-640.

Lovasz L. *et al.*, 2021, « Konik, Tarpan, European wild horse : An origin story with conservation implications », *Global Ecology and Conservation*, 32, p. e01911.

Lunt P. H. *et al.*, 2021, « Using Dartmoor ponies in conservation grazing to reduce Molinia caerulea dominance and encourage germination of *Calluna vulgaris* in heathland vegetation on Dartmoor, UK », *Conservation Evidence Journal*, 18, p. 25-30.

Metcalf J. L. *et al.*, 2017, « Evaluating the impact of domestication and captivity on the horse gut microbiome », *Scientific Reports*, 7, p. 15497.

Naundrup P. J., Svenning J. C., 2015, « A geographic assessment of the global scope for rewilding with wild-living horses (Equus ferus) », *PLoS One*, 10, e0132359.

Pittock J., 2020, « Fire almost wiped out rare species in the Australian Alps. Feral horses are finishing the job », *The Conversation* (https://theconversation.com/fire-almost-wiped-out-rare-species-in-the-australian-alps-feral-horses-are-finishingthe-job-130584).

Pruvost M. *et al.*, 2011, « Genotypes of predomestic horses match phenotypes painted in Paleolithic works of cave art », *Proceedings of the National Academy of Sciences USA*, 108, P. 18626-18630.

Schubert M. *et al.*, 2014, « Prehistoric genomes reveal the genetic foundation and cost of horse domestication », *Proceedings of the National Academy of Sciences USA*, 111, p. e5661-e5669.

Schubert M. *et al.*, 2017, « Zonkey : A simple, accurate and sensitive pipeline to genetically identify equine F1-hybrids in archaeological assemblages », *Journal of Archaeological Science*, 78, p. 147-157.

Sommer R. S. *et al.*, 2011, « Holocene survival of the wild horse in Europe : A matter of open

in Europe », *Nature*, 522, p. 207-211.
Hyland A., 1996, *The Medieval Warhorse : From Byzantium to the Crusades*, Sutton Publishing, p. 215.
Librado P. *et al.*, 2021, « The origins and spread of domestic horses from the Western
Eurasian steppes », *Nature*, 598, p. 634-640.
Lindner S., 2020, « Chariots in the Eurasian steppe : a Bayesian approach to the emergence of horse-drawn transport in the early second millennium BC », *Antiquity*, 94, p. 361-380.
Littauer M. A., Crouwel J. H., 1996, « The origin of the true chariot », *Antiquity*, 70, p. 934-939.
MacHugh D. *et al.*, 2017, « Taming the past : Ancient DNA and the study of animal domestication », *Annual Reviews of Animal Biosciences*, 5, p. 329-351.
Novembre J., 2015, « Ancient DNA steps into the language debate », *Nature*, 522, p. 164-165.
Papac L. *et al.*, 2021, « Dynamic changes in genomic and social structures in third millennium BCE central Europe », *Science Advances*, 7, eabi6941.
Pellard T. *et al.*, 2018, « L'indo-européen n'est pas un mythe », *Bulletin de la Société de linguistique de Paris*, 113, p. 79-102.
Piazza A. *et al.*, 1995, « Genetics and the origin of European languages », *Proceedings of the National Academy of Sciences USA*, 92, p. 5836-5840.
Racimo F. *et al.*, 2020, « The spatiotemporal spread of human migrations during the European Holocene », *Proceedings of the National Academy of Sciences USA*, 117, p. 8989-9000.
Rio J. *et al.*, 2021, « Spatially explicit paleogenomic simulations support cohabitation with limited admixture between Bronze Age Central European populations », *Communications Biology*, 4, p. 1163.
Scott A. *et al.*, 2022, « Emergence and intensification of dairying in the Caucasus and Eurasian steppes », *Nature Ecology and Evolution*, 6, pp. 813-822.
Turchin P. *et al.*, 2022, « Disentangling the evolutionary drivers of social complexity : A comprehensive test of hypotheses », *Science Advances*, 8, eabn3517.
Turchin P. *et al.*, 2021, « Rise of the war machines : Charting the evolution of military technologies from the Neolithic to the Industrial Revolution », *PLoS One*, 16, e0258161.
Turchin P., 2021, « The horse bit and bridle kicked off ancient empires – a new giant dataset tracks the societal factors that drove military technology », *The Conversation* (https://theconversation.com/the-horse-bit-and-bridle-kicked-off-ancient-empires-anew-giant-dataset-tracks-the-societal-factors-that-drove-military-technology170073).
Vandkilde H. *et al.*, 2005, *Cultural Mobility in Bronze Age Europe*, BAR Publishing, p. 5-37.
Weiss H. *et al.*, 1993, « The genesis and collapse of third millennium north Mesopotamian civilization », *Science*, 261, p. 995-1004.
Wilkin S. *et al.*, 2021, « Dairying enabled Early Bronze Age Yamnaya steppe expansions », *Nature*, 598, p. 629-633

第5章

Barkham P., 2018, « Dutch rewilding experiment sparks backlash as thousands of animals starve », *The Guardian* (https://www.theguardian.com/environment/2018/apr/27/dutch-rewilding-experiment-backfires-as-thousands-of-animals-starve).
Bellone R. R. *et al.*, 2013, « Evidence for a retroviral insertion in TRPM1 as the cause of congenital stationary night blindness and leopard complex spotting in the horse », *PLoS One*, 8, e78280.

Takahashi A., Miczek K. A., 2014, « Neurogenetics of aggressive behavior : Studies in rodents », *Current Topics in Behavioral Neurosciences*, 17, p. 3-44.
Tikker L. *et al.*, 2020, « Inactivation of the GATA cofactor ZFPM1 results in abnormal development of dorsal raphe serotonergic neuron subtypes and increased anxietylike behavior », *Journal of Neuroscience*, 40, p. 8669-8682.
Vigne J. D., 2011, « The origins of animal domestication and husbandry : A major change in the history of humanity and the biosphere », *Comptes rendus de l'Académie des sciences biologie*, 334, p. 171-181.
Warmuth V. *et al.*, 2011, « European domestic horses originated in two Holocene refugia », *PLoS One*, 6, e18194.
Wilkin S. *et al.*, 2021, « Dairying enabled Early Bronze Age Yamnaya steppe expansions », *Nature*, 598, p. 629-633.

第4章

Allentoft M. E. *et al.*, 2015, « Population genomics of Bronze Age Eurasia », *Nature*, 522, p. 167-172.
Anthony D. W., 2007, *The Horse, the Wheel, and Language. How Bronze-Age Riders from the Eurasian Steppes Shaped the Modern World*, Princeton University Press, p. 568.（前掲書）
Beckes R. S. P., De Vaan M., 1995, *Comparative Indo-European Linguistics : An Introduction*, John Benjamins Publishing Co., p. 398.
Davis R. H. C., 1989, *The Medieval Warhorse. Origin, Development and Redevelopment*, Thames and Hudson Ltd, p. 144.
Demoule J.-P., 2017, *Mais où sont passés les indo-européens ? Le mythe d'origine de l'Occident*, Seuil, p. 848.
DiMarco L. A., 2012, War Horse : *A History of the Military Horse and Rider*, Westholme Publishing, p. 424.
Drews R., 2004, *Early Riders. The Beginnings of Mounted Warfare in Asia and Europe*, Routledge, p. 218.
Furholt M., 2018, « Massive migrations ? The impact of recent aDNA studies on our view of Third Millennium Europe », *European Journal of Archaeology*, 21, p. 159-191.
Furholt M., 2021, « Mobility and social change : Understanding the European Neolithic Period after the archaeogenetic revolution », *Journal of Archaeological Research*, 29, p. 481-535.
Gazagnadou D., 2001, « Les étriers. Contribution à l'étude de leur diffusion de l'Asie vers les mondes Iranien et arabe », *Techniques et Culture*, 37, p. 155-171.
Gimbutas M., 1956, *The Prehistory of Eastern Europe. Part I : Mesolithic, Neolithic and Copper Age Cultures in Russia and the Baltic Area*, Peabody Museum, p. 241.
Goldberg A. *et al.*, 2017, « Ancient X chromosomes reveal contrasting sex bias in Neolithic and Bronze Age Eurasian migrations », *Proceedings of the National Academy of Sciences USA*, 114, p. 2657-2662.
Goldberg A. *et al.*, 2017, « Reply to Lazaridis and Reich : Robust model-based inference of male-biased admixture during Bronze Age migration from the Pontic-Caspian steppe », *Proceedings of the National Academy of Sciences USA*, 114, p. e3875-e3877.
Haak W. *et al.*, 2015, « Massive migration from the steppe was a source for Indo-European languages

Anthony D. W., Brown D., 2011, « The secondary products revolution, horse-riding, and mounted warfare », *Journal of World Prehistory*, 24, p. 131-160.

Anthony D. W., 2007, *The Horse, the Wheel, and Language. How Bronze-Age riders from the Eurasian Steppes Shaped the Modern World*, Princeton University Press, p. 568.（デイヴィッド・W・アンソニー『馬・車輪・言語——文明はどこで誕生したのか』上・下、東郷えりか訳、筑摩書房、2018）

Benecke N., 2006, « On the beginning of horse husbandry in the southern Balkan Peninsula-the horse bones from Kırklareli -Kanligeçit (Turkish Thrace) », *in* Mashkour M, *Equids in Time and Space : Papers in Honour of Véra Eisenmann*, Oxbow Books, p. 13-24.

Chechushkov I. V., Epimakhov A. V., 2018, « Eurasian steppe chariots and social complexity during the Bronze Age », *Journal of World Prehistory*, 31, p. 435-483.

Chechushkov I. A. *et al.*, 2018, « Social organisation of the Sintashta-Petrovka groups of the Late Bronze Age and a cause for origin of social elites (based on materials of the settlement of Kamenny Ambar) », *Stratum Plus*, 2, p. 149-166.

De Barros Damgaard P. *et al.*, 2018, « The first horse herders and the impact of early Bronze Age steppe expansions into Asia », *Science*, 360, p. eaar7711.

Drews R., 2017, *Militarism and the Indo-Europeanizing of Europe*, Routledge, p. 294.

Fages A. *et al.*, 2020, « Horse males became over-represented in archaeological assemblages during the Bronze Age », *Journal of Archaeological Science : Reports*, 31, 102364.

Hahn M., 2018, *Molecular Population Genetics*, Oxford University Press USA, pp 352.

Kitov E. P. *et al.*, 2018, « Paleoanthropological Data as a source of reconstruction of the process of social formation and social stratification (based on the Sintashta and Potapovo sites of the Bronze Age) », *Stratum Plus*, 2, p. 149-166.

Koryakova L., Epimakhov A., 2007, *The Urals and Western Siberia in the Bronze and Iron Ages*, Cambridge University Press, p. 408.

Kosintsev P., Kuznetsov P., 2013, « Comment on "The earliest horse harnessing and milking" », *Tyragetia*, 7, p. 405-408.

Kysely R., Peske L., 2016, « Horse size and domestication : Early equid bones from the Czech Republic in the European context », *Anthropozoologica* 51, p. 15-39.

Leonardi M. *et al.*, 2018, « Late Quaternary horses in Eurasia in the face of climate and vegetation change », *Science Advances*, 4, p. eaar5589.

Levine M. A., 1999, « The origins of horse husbandry on the Eurasian steppe », *in* Levine M. A. *et al.* (dir.), *Late prehistoric exploitation of the Eurasian steppe*, McDonald Institute for Archaeological Research, p. 5-58.

Levine M. A., 2015, « Dereivka and the problem of horse domestication », *Antiquity*, 64, p. 727-740.

Librado P. *et al.*, 2021, « The origins and spread of domestic horses from the Western Eurasian steppes », Nature, 598, p. 634-640.

Librado P. *et al.*, 20XX, « Faster generation turnover during early and late horse domestication », *Science* XX, p. XX-XX. ????

Lindner S., 2020, « Chariots in the Eurasian steppe : A Bayesian approach to the emergence of horse-drawn transport in the early second millennium BC », *Antiquity*, 94, p. 361-380.

Olsen S. L., Zeder M., 2006, *Documenting Domestication. New Genetic and Archaeological Paradigms*, University of California Press, p. 375.

Przewalski's horse », *Current Biology*, 25, p. 2577-2583.
Dudd S. N., Evershed R. P., 1998, « Direct demonstration of milk as an element of archaeological economies », *Science*, 282, p. 1478-1481.
Fages A. *et al.*, 2020, « Horse males became over-represented in archaeological assemblages during the Bronze Age », *Journal of Archaeological Science : Reports*, 31, 102364.
Gaunitz C. *et al.*, 2018, « Ancient genomes revisit the ancestry of domestic and Przewalski's horses », *Science*, 360, p. 111-114.
Kempson I. M., Henry D. A., 2010, « Determination of arsenic poisoning and metabolism in hair by synchrotron radiation : The case of Phar Lap », *Angewandte Internatl Edition Chemie*, 49, p. 4237-4240.
Krueger K. *et al.*, 2014, « Movement initiation in groups of feral horses », *Behavioural Processes*, 103, p. 91-101.
Levine M., 1999, « Botai and the origins of horse domestication », *Journal of Anthropological Archaeology*, 18, p. 29-78.
Linklater W. L., 2000, « Adaptive explanation in socio-ecology : Lessons from the Equidae », *Biological Reviews*, 75, p. 1-20.
Lowry B., 2014, *Killing Phar Lap : An Untold Part of the Story*, AuthorHouse, p. 116.
Moehlman P. D., 2002, *Equids : Zebras, Asses, and Horses. Status Survey and Conservation Action Plan*, IUCN, Gland, p. 189 (https://portals.iucn.org/library/sites/library/files/documents/2002-043.pdf).
Negara K., « Killing Phar Lap : A forensic investigation », 2020-2022. Apple podcast, (https://podcasts.apple.com/us/podcast/killing-phar-lap-a-forensic-investigation/id1536743152).
Olsen S. *et al.*, 2006, « Beyond the steppe and the sown », *Proceedings of the 2002 University of Chicago Conference on Eurasian Archaeology*, Brill Academic Publishers, p. 89-111.
Olsen S. L., 2006, « Early horse domestication on the Eurasian steppe », *in* Olsen S. L., Zeder M. A. (dir.), *Documenting Domestication. New Genetic and Archaeological Paradigms*, University of California Press, p. 245-269.
Orlando L. *et al.*, 2013, « Recalibrating Equus evolution using the genome sequence of an early Middle Pleistocene horse », *Nature*, 499, p. 74-78, 2013.
Outram A. K. *et al.*, 2009, « The earliest horse harnessing and milking », *Science*, 323, p. 1332-1335.
Outram A. K. *et al.*, 2021, Rebuttal of Taylor and Barrón-Ortiz 2021 *« Rethinking the evidence for early horse domestication at Botai »*, Zenodo.
Scanlan L., 2008, *The Horse God Built : The Untold Story of Secretariat, the World's Greatest Racehorse*, St Marin's Griffin, p. 335.
Taylor W. T. T., Barrón-Ortiz C. I., 2021, « Rethinking the evidence for early horse domestication at Botai », *Scientific Reports*, 11, p. 7440.
Zhang X. *et al.*, 2020, « Skin exhibits of Dark Ronald XX are homozygous wild type at the Warmblood fragile foal syndrome causative missense variant position in lysyl hydroxylase gene PLOD1 », *Animal Genetics*, 51, p. 838-840.

第3章

Anthony D. W. *et al.*, 2022, « The Eneolithic cemetery at Khvalynsk on the Volga River », *Praehistorische Zeitschrift*, 97, p. 46.

参考文献

第1章

Association TAKH, sauvegarde cheval de Przewalski : https://www.takh.org/

Baratay E., 2013, *Bêtes des tranchées. Des vécus oubliés*, CNRS Éditions, p. 256.

Buffon G. L. L., 2022, *Histoire naturelle de Buffon*, Place des Victoires, p. 448.（ジョルジュ＝ルイ・ルクレール・ビュフォン『ビュフォンの博物誌——全自然図譜と進化論の萌芽』荒俣宏監修、ベカエール直美訳、工作舎、1991）

Bold B. O., 2012, *Eques Mongolica. Introduction to Mongolian horsemanship*, Bold & Boldi, p. 288.

Di Marco L. A., 2012, War Horse : *A History of the Military Horse and Rider*, Westholme Publishing, p. 416.

Freeberg E., 2020, « How a flu virus shut down the US economy in 1872– by infecting horses », *The Conversation* (https://theconversation.com/how-a-flu-virus-shut-down-the-us-economy-in-1872-by-infecting-horses-150052).

Koselleck R., 2003, « Der Aufbruch in die Moderne oder das Ende des Pferdezeitalters », *in Historikerpreis der Stadt Münster 2003*, Münster City Historian Prize booklet, p. 23-37.

Raulff U., 2018, *Farewell to the Horse. The Final Century of our Relationship*, Penguin Books Ltd, p. 480.

Kelekna P., 2009, *The Horse in Human History*, Cambridge University Press, p. 460.

Khadka R., 2011, *Horse Population, Breeds and Risk Status in the World : A Study Based on Food and Agriculture Organization Database systems : FAOSTAT and DAD-IS*, LAP Lambert Academic Publishing, p. 80.

Librado P. *et al.*, 2021, « The origins and spread of domestic horses from the Western Eurasian steppes », *Nature*, 598, p. 634-640.

McShane C., 2007, *The Horse in the City : Living Machines in the Nineteenth Century*, Johns Hopkins University Press, p. 274.

Milhaud C., 2017, *1914-1918. L'autre hécatombe*, Belin « Équitation », p. 302.

Orlando L. *et al.*, 2021, « Ancient DNA analysis », *Nature Reviews Methods Primers*, 1, p. 1-26.

Orlando L., 2020, *L'ADN fossile. Une machine à remonter le temps*, Odile Jacob, p. 252.

Sidnell P., 2007, *Warhorse. Calvalry in ancient warfare*, Bloomsbury Publishing, p. 376.

第2章

Berger J., 1977, « Organizational systems and dominance in feral horses in the Grand Canyon », *Behavioral Ecology and Sociobiology*, 2, p. 131-146.

Chechushkov I. V., Kosintsev P. A., 2020, « The Botai horse practices represent the neolithization process in the central Eurasian steppes : Important findings from a new study on ancient horse DNA », *Journal of Archaeological Science : Reports*, 32, 102426.

Der Sarkissian C. *et al.*, 2015, « Evolutionary genomics and conservation of the endangered

【訳者】吉田春美（よしだ・はるみ）
上智大学文学部史学科卒業。訳書にC・アングラオ『ナチスの知識人部隊』、F・マルテル『ソドム――バチカン教皇庁最大の秘密』、F・コラール『毒殺の世界史』（上・下）、M・トゥーサン＝サマ『お菓子の歴史』、M＝C・フレデリック『発酵食の歴史』、M＝J・シャスイユ『幻のワイン100――世界最高級ワインと酒蔵』ほか多数。

ウマの科学《かがく》と世界《せかい》の歴史《れきし》

2024年9月20日　初版印刷
2024年9月30日　初版発行

著　者　リュドヴィク・オルランド
訳　者　吉田春美
装　幀　岩瀬聡
発行者　小野寺優
発行所　株式会社河出書房新社
〒162-8544　東京都新宿区東五軒町 2-13
電話 03-3404-1201［営業］　03-3404-8611［編集］
https://www.kawade.co.jp/
組　版　KAWADE DTP WORKS
印刷・製本　株式会社暁印刷
Printed in Japan
ISBN978-4-309-22932-4